청소년을 위한

사라진 스푼

The Disappearing Spoon(Young Readers Edition)
by Sam Kean

The Disappearing Spoon: And Other True Tales of Rivalry, Adventure, and the History of the World from the Periodic Table of the Elements(Young Readers Edition) was adapted for young readers by Adrian Dingle and Kelsey Kennedy. It is an abridgment of *The Disappearing Spoon* by Sam Kean, published by Little, Brown and Company.

주기율표에 얽힌 과학과 모험, 세계사 이야기

청소년을 위한

사라진 스푼

샘 킨 지음 이충호 옮김

SAM KEAN

해나무

일러두기

1. 용어 설명은 249~251쪽, 원소 주기율표는 252~253쪽에 실려 있다.
2. 대한화학회에서 지난 100여 년 동안 써오던 원소 이름을 영어식으로 대폭 바꾸었다. 이 책에서는 교과서를 기준으로 바뀐 원소 이름을 우선적으로 쓰고, 관용적으로 많이 쓰이는 이전 이름을 괄호로 병기했다.

	이전 이름	바뀐 이름
9번	플루오르	플루오린
22번	티탄	타이타늄
24번	크롬	크로뮴
25번	망간	망가니즈
32번	게르마늄	저마늄
34번	셀렌	셀레늄
35번	브롬	브로민
41번	니오브	나이오븀
42번	몰리브덴	몰리브데넘
51번	안티몬	안티모니
52번	텔루르	텔루륨
53번	요오드	아이오딘
54번	크세논	제논
57번	란탄	란타넘
65번	테르븀	터븀
68번	에르븀	어븀
70번	이테르븀	이터븀
73번	탄탈	탄탈럼
98번	칼리포르늄	캘리포늄
99번	아인시타이늄	아인슈타이늄
105번	두브늄	더브늄

어린 시절이던 1980년대 초에 나는 입 속에 물건(음식물, 치아 교정용 튜브, 풍선 등)을 넣고 말하는 버릇이 있었는데, 주위에 아무도 없을 때에도 그 상태로 혼자서 주절거리곤 했다. 나는 이 버릇 때문에 주기율표에 처음 관심을 가지게 되었다. 계기가 된 사건은 혀 밑에 온도계를 넣고 혼자 있을 때 일어났다. 나는 2학년과 3학년 때 패혈성 인두염에 십여 차례 걸렸는데, 이 병에 걸리면 며칠 동안 음식이나 물을 삼키기가 힘들었다. 나는 학교에 안 가고 집에서 쉬면서 바닐라 아이스크림과 초콜릿 소스로 병을 치료하는 것이 싫지 않았다. 아플 때마다 나는 그 기회를 놓치지 않고 늘 수은 온도계를 깨뜨렸다!

온도계를 혀 밑에 넣고 누워 있던 나는 혼자서 상상한 질문의 답을 큰 소리로 외쳤는데, 그 바람에 온도계가 입 밖으로 튀어나가 딱딱한 바닥에 떨어지면서 깨졌다. 유리구 안에 들어 있던 액체 수은은 수많은 볼베어링처럼 흩어졌다. 잠시 후, 어머니가 고관절염으로 불편한 몸에도 불구하고 바닥에 엎드려 수은 공들을 모으기 시작했다. 이쑤시개를 하키 스틱처럼 사용해 물렁물렁한 공들을 서로 가까이 다가가게 하자, 두 공이 닿는 순간 갑자기 한 공이 다른 공을 집어삼켰다! 조금 전까지만 해도 두 공이 있던 자리에 흠집 하나 없이 완벽한 공 하나가 그 자리에서 흔들거리면서 머물러 있었다. 어머니는 바닥 위에서 공들을 이리저리 이동시키면서 이 마술을 계속 반복했고, 결국엔 나머지 공들을 모두 집어삼킨 큰 공 하나만 남아 은빛 렌즈콩처럼 반짝이고 있었다.

수은을 다 모으면, 어머니는 부엌 장식품 선반에서 낚싯대를 든 테디 베어와 1985년 가족 모임 때 선물로 받은 파란색 세라믹 머그잔 사이에 놓인, 초록색 라벨이 붙은 플라스틱 약병을 꺼냈다. 그리고 수은 공을 굴려서 봉투에 담아 피칸만 한 크기의 수은 방울이 들어 있던 병에 조심스럽게 부었다. 어머니는 병을 숨기기 전에 가끔 수은을 뚜껑에다 쏟아붓고 나서 미래형 금속이 이리저리 굴러다니며 쪼개졌다가 다시 아무 흠 없이 합쳐지는 모습을 우리 형제에게 보여주었다.

중세의 연금술사들은 자나깨나 금을 만드는 데 몰두했지만, 우주에서 가장 강력하고 시적인 물질은 수은이라고 생각했다. 어린 시절의 나라면 그들의 생각에 기꺼이 동의했을 것이다. 심지어 그들처럼 수은에 초자연적인 정령이 들어 있다고 믿었을 것이다.

나중에 나는 수은이 이런 행동을 보이는 것은, 그것이 홑원소 물질이기 때문임을 알게 되었다. 물(H_2O)이나 이산화탄소(CO_2) 혹은 우리가 매일 마주치는 대부분의 물질(화합물이나 혼합물)과 달리, 홑원소 물질인 수은은 자연적인 방법으로는 더 작은 구성 요소로 분해할 수 없다. 사실, 수은은 컬트적 경향(소수의 사람들이 매우 열광적으로 좋아하는 경향)이 아주 강한 원소이다. 수은 원자는 오직 다른 수은 원자하고만 붙어 있으려 하고, 공 모양으로 웅크림으로써 외부 세계와의 접촉을 최소화하려고 한다. 내가 어린 시절에 쏟아본 나머지 액체들은 대부분 그렇지 않았다. 물은 사방으로 퍼져나갔고, 기름이나 식초, 굳지 않은 젤리 과자도 그랬다. 하지만 수은은 작은 얼룩 하나 남기지 않았다. 내가 온도계를 깰 때마다 부모님은 보이지 않는 유리 조각에 발을 다칠까 봐 항상 신을 신으라고 당부했다. 하지만 어딘가에 숨어 있을지 모르는 수은을 조심하라는 경고는 들은 적이 없다.

나는 오랫동안 학교뿐만 아니라 책에서도 80번 원소에 관한 이야기를 눈에 불을 켜고 찾았다. 신문에 혹시 어린 시절의 친구 이름이 실리지 않았나 하고 찾는 심정과 비슷했다. 나는 북아메리카 중서부에 펼쳐진 대평원인 그레이트플레인스(그중에서도 사우스다코타주) 출신인데, 역사 시간에 유명한 탐험가인 메리웨더 루이스Meriwether Lewis와 윌리엄 클라크William Clark가 사우스다코타주와 나머지 루이지애나 구입지(1803년에 미국이 프랑스 정부로부터 사들인 프랑스령 루이지애나. 미시시피강 서안에서 로키산맥까지 뻗어 있던 이 광대한 땅에는 나중에 미국의 15개 주가 들어섰다.-옮긴이)를 여행했다는 사실을 배웠다. 그런데 이들이 아스피린 4개만 한 크기의 수은 완하제도 600개 가져갔다는 사실까지는 몰랐다. 이 완하제(약한 설사제)는 '러시 박사의 쓸개즙 정제Dr. Rush's Bilious Pill'라고 불렀는데, 독립 선언서 서명자 중 한 명이자 1793년에 황열병이 창궐했을 때 용감하게 필라델피아에 머물면서 환자들을 치료한 영웅 의사 벤저민 러시Benjamin Rush의 이름에서 딴 것이었다. 러시가 즐겨 사용한 치료법은 환자에게 염화수은 반죽을 먹이는 것이었는데, 그 부작용으로 치아와 머리카락이 빠지는 사람이 많았다.(오늘날 의학이 크게 발전한 것에 고마워하라!) 그런데 루이스와 클라크가 이 알약을 가져갔다는 사실을 어떻게 알 수 있을까? 낯선 땅에서 이상한 음식을 먹고 의심스러운 물을 마시다 보니 탐사대원 중에서 늘 누군가 배탈이 났다. 그래서 탐사대가 변소로 사용하려고 땅을 판 장소 중 많은 곳은 지금도 흙에 수은 침전물이 포함돼 있다. 러시 박사의 완하제 효과가 너무 강했던 것 같다.

수은은 결국 과학 수업 시간에도 등장했다. 교과서에서 복잡한 주기율표를 처음 보았을 때, 나는 수은을 찾으려고 죽 훑어보았지만 찾지 못했다. 주기율표에서 수은은 밀도가 높고 무른 금속 원소인 금(79번)과 독성이 있는 원소 탈륨(81번) 사이에 있다. 그러나 수은의 원소 기호 Hg는 영어 단어 머큐리mercury와는 아무 관계도 없다. 왜 원소 기호가 Hg인지 그 수수께끼를 알아보았더니, '히드라르기룸hydrargyrum'이라는 라틴어에서 유래한 것이었다. 이 경험을 통해 나는 옛날 언어와 신화가 주기율표에 큰 영향을 미쳤다는 사실을 알게 되었는데, 지금도 주기율표 아래쪽에 들어가는 새 원소들에는 라틴어로 이름을 짓는 경우가 많다.

수은은 문학 작품에서도 만날 수 있었다. 옛날에 모자 제조업자들은 생가죽에서 모피를 분리할 때 밝은 주황색 수은 세제를 사용했다. 수은 증기가 솟아오르는 큰 통에서 모피를 다듬는 작업을 하던 모자 제조공들은 시간이 지나자 『이상한 나라의 앨리스』에 나오는 미치광이 모자 장수처럼 머리카락이 빠지고 정신이 이상해졌다. 결국 나는 수은의 독성이 얼마나 위험한지 알게 되었다. 이것은 러시 박사의 쓸개즙 정제가 창자를 청소하는 효과가 왜 그렇게 좋았는지도 설명해주었다. 우리 몸은 외부에서 들어온 독성 물질을 빨리 내보내려고 하는데, 수은도 바로 그런 독성 물질이다. 수은은 그냥 삼키는 것도 위험하지만, 그 증기는 독성이 더 강하다. 수은 증기는 종종 알츠하이머병처럼 중추 신경계의 신경들을 손상시키고 뇌에 구멍을 숭숭 뚫는다.

그러나 수은의 위험에 대해 더 많이 알수록 나는 그 파괴적인 아름다움(윌리엄 블레이크William Blake가 쓴 시 「호랑이The Tyger」에 나오는 "호랑이, 이글이글 불타는 호랑이!"라는 구절처럼)에 더 끌렸다. 세월이 지나자 부모님은 부엌을 다시 꾸미면서 머그잔과 테디 베어가 놓인 선반을 없앴지만, 거기에 있던 장식품들은 판지 상자에 넣어 보관했다. 얼마 전에 부모님 집을 방문한 나는 초록색 라벨이 붙어 있는 병을 꺼내 뚜껑을 열어보았다. 병을 이리저리 기울이자 그 안에 든 묵직한 물체가 원을 그리며 돌아다니는 것을 느낄 수 있었다. 병 가장자리 너머로 살며시 안을 들여다보던 나는 가운데에 자리잡고 있는 큰 덩어리 외에 양쪽 옆면에 붙어 있는 작은 방울들에 시선이 멎었다. 그것들은 환상 속에서나 만날 수 있는 완벽한 물방울처럼 반짝이면서 그곳에 있었다. 어린 시절 내내 나는 바닥에 쏟은 수은을 생각할 때면 늘 고열이 떠올랐다. 하지만 이제 이 작은 구들이 지닌 공포의 대칭성을 잘 알게 된 나는 으스스한 냉기를 느꼈다.

바로 이 한 원소에서 나는 역사와 어원학, 연금술, 신화, 문학, 독극물 법의학, 심리학을 배웠다. 하지만 내가 모은 원소 이야기는 이것뿐만이 아니다. 특히 대학에서 과학을 공부하던 시절에, 과학에 관한 잡담을 나누려고 연구를 언제든지 잠시 멈췄던 교수님을 몇 분 만난 덕분에 그런 이야기를 많이 모을 수 있었다.

물리학을 전공했지만 글을 쓰겠다는 열정에 사로잡혀 실험실에서 탈출할 날만 꼽고 있던 나는, 진지한 자세와 재능을 겸비한 데다가 무수한 시행착오의 반복을 수반하는 그 지루한 실험을 사랑한 동료들 사이에서 비참함을 느꼈다. 미네소타 대학에서 그렇게 힘들게 5년을 보낸 끝에 물리학 학위를 받았다. 실험실에서 수백 시간을 보내고, 수천 개의 공식을 외우고, 마찰이 없는 도르래와 빗면 도표를 수만 개나 그렸지만, 내가 받은 진짜 교육은 교수님들이 들려준 이야기였다. 그런 이야기 중에는 간디와 고질라에 관한 이야기, 자신이 완전히 미쳤다고 생각한 과학자들 이야기, 폭발성 나트륨 덩어리를 강에 던져 물고기를 죽인 이야기, 우주 왕복선에서 질소 가스에 질식해 죽은 사람들 이야기, 우리 대학 캠퍼스에서 '가슴 속에' 플루토늄으로 작동하는 심장 박동기를 넣고 거대한 자기 코일 옆에 서서 심장 박동기를 빨리 뛰게 하거나 느리게 뛰게 하는 실험을 한 교수 이야기 등이 있었다.

나는 그런 이야기들에 흠뻑 빠졌는데, 최근에 아침을 먹으면서 수은에 관한 옛날 일을 생각하다가 주기율표의 모든 원소에는 각자 흥미롭고 기묘하고 섬뜩한 이야기가 얽혀 있다는 사실을 깨달았다. 그와 동시에 주기율표는 인류의 위대한 지적 업적 중 하나이다. 주기율표는 과학적 업적인 동시에 흥미진진한 이야기책이기도 하다. 그래서 나는 해부학 책의 투명화들이 같은 이야기를 서로 다른 깊이에서 들려주는 것처럼, 주기율표를 이루는 모든 껍질들을 한 겹 한 겹 벗기면서 여러분에게 보여주고자 이 책을 썼다. 가장 단순한 차원에서 본다면, 주기율표는 우주에 존재하는 모든 원소를 실어놓은 표이다. 각자 강한 개성을 지닌 100여 종의 이 원소들이 우리가 보고 만지는 모든 것을 만들어낸다. 주기율표의 구조는 개성이 강한 이 원소들이 서로 어떻게 섞이고 반응하는지 짐작할 수 있는 과학적 단서를 제공한다. 조금 복잡한 차원에서 본다면, 주기율표에는 모든 종류의 원자가 어떻게 생겨났으며, 어떤 원자가 분열하여 다른 원자로 변할 수 있는지를 알려주는 온갖 종류의 법의학적 정보가 암호로 담겨 있다. 이 원자들은 자연적으로 결합하여 살아 있는 생물과 같은 역동적인 계를 만들기도 하는데, 주기율표는 그런 일이 어떻게 일어나는지 예측할 수 있게 해준다. 심지어 어떤 악당 원소들이 생물을 손상시키고 파괴하는지도 예측할 수 있게 해준다.

마지막으로, 주기율표는 인류학적으로도 경이로운 대상이다. 이 인공물에는 경이롭거나 예술적이거나 추한 것까지 포함한 인간의 모든 속성과 인간과 자연 세계의 상호 작용 방식까지 반영돼 있다. 다시 말해서, 주기율표는 간결하고도 우아한 문자로 표시된 우리 종의 역사이다. 그러니 가장 기본적인 것에서부터 시작하여 점차 복잡성이 증가하는 순서에 따라 이 모든 층들을 자세히 살펴볼 가치가 충분히 있다. 이 주기율표 이야기는 단순히 재미있는 이야기를 들려주는 데 그치지 않고, 교과서나 실험 안내서에서는 절대로 볼 수 없는 방식으로 주기율표를 이해하게 해준다. 우리는 주기율표의 원소들을 먹고 숨 쉰다. 사람들은 주기율표의 원소들에 거액의 돈을 걸고 잃는다. 철학자들은 주기율표를 사용해 과학의 의미를 찾는다. 주기율표는 사람들을 중독시키고 전쟁을 낳는다. 맨 위 왼쪽 끝에 있는 수소와 아래쪽에 있는 인공 원소들 사이에서 여러분은 거품과 폭탄, 돈, 연금술, 정치, 역사, 독, 범죄, 사랑을 만날 것이다. 심지어 과학도 약간 만날 수 있다.

차례

4부 — 인간의 성격을 지닌 원소들

5부 — 현재와 미래의 원소 과학

1부

주기율표의 탄생

1장

원소의 지리학

주기율표라고 하면, 아마도 여러분은 과학실 뒤편에 걸려 있던, 많은 가로줄과 세로줄로 이루어진 여러 가지 색의 도표를 떠올릴 것이다. 수업 시간에 주기율표에 대해 이야기했을 수도 있고, 심지어 시험을 칠 때 주기율표를 마음대로 참고해도 된다는 허락을 받았을 수도 있다. 불행하게도 활용하는 법을 제대로 몰라 이 거대한 커닝 페이퍼는 여러분에게 아무 도움이 되지 않았을 수도 있다. 하지만 주기율표와 각각의 칸에는 풀리길 기다리는 비밀이 아주 많이 들어 있다.

얼핏 보면 주기율표는 아주 아름답게 조직된 것처럼 보이지만, 또 어찌 보면 그것은 긴 숫자와 약자와 컴퓨터 에러 메시지(예를 들어 $[\mathrm{Xe}]6s^{2}4f^{1}5d^{1}$) 같은 것들이 뒤죽박죽 섞여 있는 것처럼 보인다. 어지러운 숫자와 기호를 모두 제거하고 나면, 주기율표는 어떤 모습으로 보일까?

그러면 일종의 성처럼 보이는데, 성벽의 높이는 균일하지 않고 양쪽 끝에는 높은 탑이 솟아 있다. 기둥처럼 죽 늘어선 18줄의 세로줄이 있고, 가로로는 7층이 있으며, 거기다가 아래쪽에 가로 방향으로 늘어선 2층의 줄이 있다.

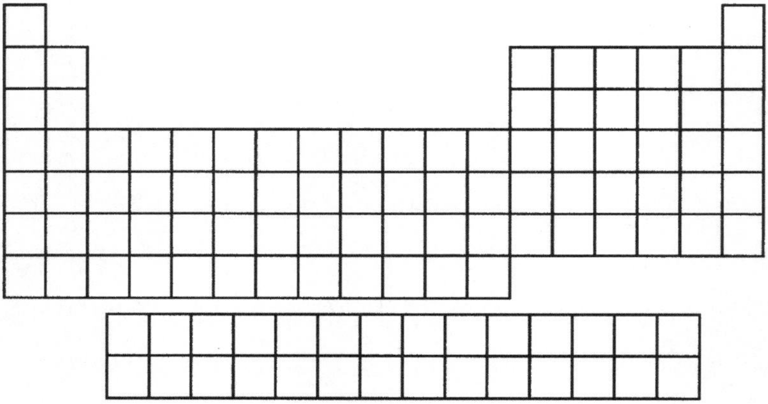

이 성은 '벽돌'로 만들어졌지만, 벽돌들의 위치는 서로 바꿀 수가 없다. 각각의 벽돌은 하나의 원소(지금까지 공식적으로 인정된 원소의 수는 118개인데, 앞으로 더 발견될 수도 있다), 즉 물질의 기본 구성 요소를 나타낸다. 이 벽돌 중 하나라도 제자리에 있지 않으면, 성 전체가 와르르 무너지고 만다. 이것은 결코 과장이 아니다. 만약 과학자들이 한

벽돌을 읽는 방법

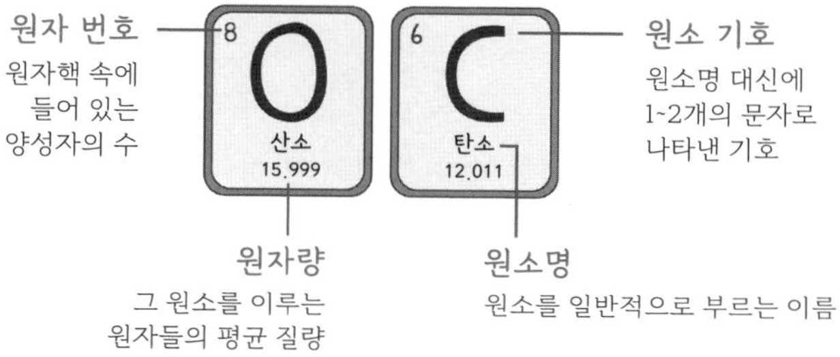

원소가 다른 칸에 들어갈 수 있다거나 두 원소의 자리를 서로 바꿀 수 있다는 사실을 발견한다면, 전체 '성'은 와르르 무너지고 말 것이다. 이 원소들은 모두 특별한 방식으로 서로 딱 들어맞으면서 제자리를 차지하고 있다.

전체 벽돌 중 75%는 금속이다. 즉, 대부분의 원소는 실온에서 차가운 회색 고체 물질로 존재한다. 오른쪽 끝부분의 몇몇 기둥은 기체로 이루어져 있다. 실온에서 액체인 원소는 수은(80번)과 브로민(35번, 브롬), 둘뿐이다. 금속 원소들과 기체 원소들 사이에는 기묘한 성질을 가진 괴짜 원소들이 있다. 예를 들면, 화학 실험실에 보관돼 있는 것보다 수십억 배나 더 강한 산을 만들 수 있는 원소도 있다.

원소란 정확하게 무엇인가?

'원소'란 단어의 기원은 고대 그리스 시대의 철학자 플라톤Platon으로 거슬러 올라간다. 그는 원소를 고대 그리스어로 스토이케이아stoicheia라고 불렀다. 물론 플라톤이 화학에서 말하는 원소의 뜻을 정확하게 알았던 것은 아니다. 고대 그리스인은 만물이 공기, 물, 흙, 불의 네 가지 기본 구성 요소로 이루어져 있다고 믿었는데, 이것을 4원소라고 불렀다. 플라톤이 사용한 스토이케이아는 바로 이 4원소를 가리킨다.

헬륨은 '원소다운' 면모를 아주 잘 보여주는 예이다. 헬륨은 정상적인 화학 반응으로는 분해되지도 않고, 다른 것으로 변하지도 않는다. 예를 들면, 오늘날 우리는 이산화탄소가 원소가 아니라고 말하는데, 이산화탄소(CO_2) 한 분자는 탄소(6번) 원자 1개와 산소(8번) 원자 2개로 쪼개지기 때문이다. 하지만 탄소와 산소는 원소인데, 그 원자를 완전히 파괴하지 않는 한 더 작은 입자로 쪼개지지 않기 때문이다.

과학자들이 원소가 실제로 무엇인지 알아내기까지는 2200년이나 걸렸는데, 각 원소의 정확한 정체를 알기가 어려웠기 때문이다. 예를 들어 탄소만 해도 수천 가지 화합물 속에 들어 있는데, 이 화합물들은 모두 제각각 다른 성질을 나타낸다. 이것은 초콜릿 아이스크림과 초콜릿 칩 쿠키의 차이와 비슷하다. 둘 다 초콜릿이 들어 있지만, 그 점을 빼면 나머지는 서로 다르다(둘 다 맛있긴 하지만). 거의 모든 원소는 다른 원소와 결합해 화합물을 만드는데, 그래서 순수한 원소의 모습이 정확하게 어떤 것인지 알기 어렵다. 만약 과학자들이 헬륨을 알았더라면, 원소의 정체를 훨씬 빨리 파악했을 것이다. 헬륨은 화합물의 형태로 존재하지 않고, 항상 순수한 원소의 형태로 존재하기 때문이다.

헬륨이 이처럼 독특한 행동을 보이는 데에는 다 그럴 만한 이유가 있다. 모든 원소는 특정 종류의 원자로 이루어져 있다. 모든 원자에는 음전하를 띤 전자가 들어 있는데, 전자는 원자 내에서 각각 다른 층(에너지 준위)에 존재한다. 각각의 에너지 준위에 들어갈 수 있는 전자의 수는 제한돼 있으며, 에너지 준위가 전자로 가득 차 있을 때 원자는 완전한 상태가 된다. 가장 안쪽 에너지 준위에는 전자가 2개 들

헬륨 원자

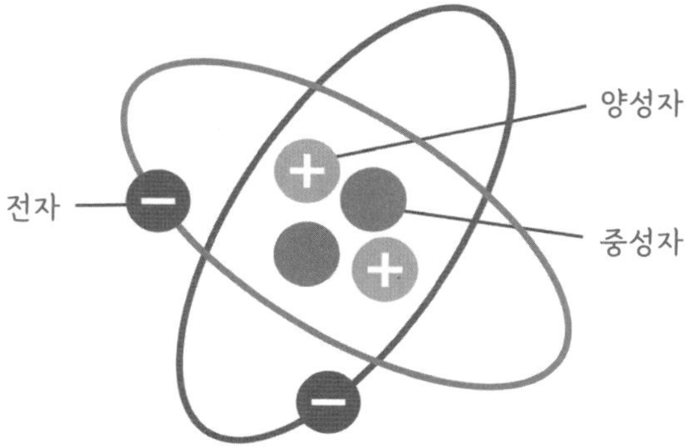

어갈 수 있다. 나머지 에너지 준위들에 들어갈 수 있는 전자의 수는 제각각 다르지만, 8개인 경우가 많다. 보통은 원자 속에서 전자(음전하를 띤)와 양성자(양전하를 띤)의 수가 똑같기 때문에, 전체 원자는 전기적으로 중성이다. 그런데 전자는 원자들 사이에서 왔다 갔다 할 수 있으며, 이때 전자를 얻거나 잃은 원자는 양전하나 음전하를 띠게 되는데, 이런 원자를 이온ion이라고 부른다.

> 1911년, 네덜란드 출신의 독일인 과학자가 액화 헬륨으로 수은을 냉각시키다가 -269°C에서 전기 저항이 사라지면서 수은이 이상적인 전도체가 된다는 사실(이른바 초전도 현상)을 발견했다. 이것은 아이폰을 영하 수백 도로 냉각시키면, 헬륨이 그것을 계속 낮은 온도로 유지하는 한 배터리가 전혀 닳지 않는다는 말과 같다. 러시아와 캐나다의 공동 연구팀은 1937년에 순수한 헬륨으로 훨씬 놀라운 것을 보여주었다. -271°C(정확하게는 2.19K)까지 냉각시키자, 헬륨은 점성과 흐름에 대한 저항이 0인 초유체로 변했다. 초유체로 변한 헬륨은 중력의 법칙을 거스르고 경사진 곳을 올라가고, 심지어 벽을 기어 올라 넘어가기도 했다. 이처럼 놀라운 일은 플라톤도 상상하지 못했을 것이다.

전자는 원자에서 가장 중요한 부분이라고 말할 수 있다. 원자 내 공간 중 대부분은 전자가 차지하고 있다. 전자는 원자핵(원자 중심부에 자리잡은 아주 작은 입자) 주위를 빙빙 돌아다니는데, 그 경로들이 합쳐져 구름처럼 원자핵을 에워싸고 있다. 만약 원자를 축구 경기장만 한 크기로 확대한다면, 원자핵은 경기장 한가운데 놓여 있는 테니스공처럼 보일 것이다.

알아두어야 할 중요한 사실이 하나 있다. 원자는 안쪽의 낮은 에너지 준위들부터 차례로 전자들로 가득 채우려고 한다. 그러다 보면 맨 바깥쪽 에너지 준위는 전자가 꽉 찬 상태가 아닐 때가 많다. 화학 반응이 일어날 때, 원자는 다른 원자로부터 전자를 빼앗거나 다른 원자에게 전자를 빼앗기거나 다른 원자와 전자를 공유하는 방법으로 맨 바깥쪽 에너지 준위를 꽉 채우려는 경향이 있다. 헬륨은 가득 채워야 할 에너지 준위가 하나밖에 없고, 그것을 채우는 데 필요한 전자(2개)를 이미 갖고 있다. 따라서 헬륨은 다른 원자와 반응해 전자를 빼앗거나 잃거나 공유할 이유가 전혀 없다.

전자는 주기율표를 좌지우지하는데, 전자의 행동을 설명하는 데 가장 큰 공을 세운 사람은 미국 화학자 길버트 루이스Gilbert Lewis이다. 루이스는 원자에 딸린 전자가 어떻게 행동하는지, 특히 산과 염기에서 어떻게 행동하는지 밝혀내기 위해 한평생을 보냈다. 하지만 루이스가 유명한 이유 중 하나는 당대 최고의 과학자이면서도 노벨상을 받지 못했기 때문인데, 자신도 이를 매우 비통하게 여겼다. 사람들이 "와우! 이 놀라운 것 좀 봐!"라고 크게 감탄할 만한 발견을 하지 못한 것이 한 가지 이유였다. 대신에 여러 상황에서 전자들이 어떻게 행동하는지 자세히 밝혀내는 연구를 하면서 평생을 보냈는데, 이 연구는 미래의 과학자들에게 아주 큰 도움을 주었다.

1890년 이전에는 과학자들은 맛을 보거나 손가락을 그 속에 담가 보는 방법으로 산과 염기를 구분했는데, 물론 이것은 그다지 좋은 생각도 아니었고 과학적인 생각도 아니었다! 얼마 후 과학자들은 많은 산에 가장 간단한 원소인 수소(1번)가 들어 있다는 사실을 발견했다. 수소는 양성자 1개와 전자 1개로만 이루어져 있는데, 염산(HCl) 같은 산이 물과 섞이면, 수소 이온(H^+)과 염소 이온(Cl^-)으로 쪼개진다. 수소 원자에서 음전하를 띤 전자가 떨어져나가면 수소의 원자핵만 남는데, 수소의 원자핵은 양성자 1개로만 이루어져 있다. 이것이 바로 수소 이온(H^+)이다. 식초 같은 약산은 양성자를 조금만 용액 속에 내놓는 반면, 황산 같은 강산은 양성자를 많이 내놓는다.

루이스는 산을 이렇게 정의하는 것은 한계가 있다고 보았는데, 수소가 없는데도 산처럼 행동하는 물질도 있기 때문이다. 그래서 루이스는 H^+가 떨어져나오는 대신에 Cl^-가 전자 도둑처럼 수소의 전자를 하나 훔쳐간다는 점에 주목했다. 이와 반대로 염기(산과 정반대의 화학적 성질을 가진 물질)는 전자 공여체(전자를 주는 물질)라고 부를 수 있다. 산을 전자쌍 수용체로, 염기를 전자쌍 공여체로 본 루이스의 이 정의는 전자의 중요성을 부각시킨 것으로, 전자를 기반으로 한 주기율표 화학과 더 잘 부합한다.

루이스의 산-염기 이론은 나온 지 거의 100년이 지났지만, 과학자들은 아직도 이 개념을 바탕으로 점점 더 강한 산을 만들고 있다. 산의 세기는 pH(수소 이온 농도)로 측정하는데, 1이나 2, 3처럼 pH 값이 낮을수록 산성이 더 강하고, 12, 13, 14처럼 높을수록 염기성이 더 강하다. 2005년에 뉴질랜드의 한 화학자는 붕소(5번)를 기반으로 한 카보레인carborane이라는 산을 만들었는데, 그 pH는 −18이었다. 참고로 말하자면, 물의 pH는 약 7이고, 위에서 분비되는 염산의 pH는 1이다. pH 값을 계산하는 특이한 방식 때문에, 산성도가 1 낮아지면(예를 들어 pH 값이 4에서 3으로 떨어지면), 산의 세기는 10배 커진다. 따라서 pH가 1인 위산의 농도와 비교할 때 pH가 −18인 카보레인은 산성이 10^{19}배, 즉 1억×1000억 배나 더 강하다.

이보다 훨씬 강한 산도 있는데, 안티모니(51번, 안티몬)를 기반으로 한 산이 그런 예이다. 안티모니는 화려한 역사를 자랑하는데, 기원전 6세기에 바빌론의 네부카드네자르 2세Nebuchadnezzar II는 그 유독성을 모르고 안티모니와 납을 섞어 만든 혼합물로 궁전의 벽을 노랗게 칠했다. 얼마 지나지 않아 그는 들에서 잠을 자고 소처럼 풀을 뜯어먹는 등 미친 행동을 보였는데, 여기에는 필시 안티모니의 영향이 있었을 것이다. 19세기에 안티모니 정제는 완하제로 널리 쓰였다. 오늘날의 정제와 달리 딱딱한 안티모니 정제는 위에서도 녹지 않았는데, 안티모니 정제는 아주 귀했기 때문에 사람들은 변을 뒤적여 그것을 회수해 다시 사용했다. 웩! 운 좋은 가족은 그 완하제를 자식에게 물려주기까지 했다고 한다!

사실, 안티모니는 의약품으로 자주 쓰였는데, 사람들이 그 독성이 얼마나 강한지 몰랐기 때문이다. 모차르트Mozart도 고열로 시달리다가 안티모니 정제를 너무 많이 복용한 바람에 죽었을 가능성이 있다.

지금까지 우리는 산과 염기의 정의와 성질, 그리고 전자의 행동이 주기율표의 구조를 좌지우지하는 방식을 살펴보았다. 하지만 원소들을 제대로 이해하려면 원자 질량의 99% 이상을 차지하는 원자핵을 무시해서는 안 된다. 원자들 사이에 화학 반응이 일어날 때, 원자핵은 아무 변화 없이 그대로 남아 있으며, 중요한 역할은 전자들이 수행한다. 원자핵 속의 양성자 수가 원자의 종류를 결정하는데, 그 수는 원자 번호(주기율표의 각 칸에서 원소 기호 위에 적힌 수)와 같다. 바꿔 말하면, 어떤 원소의 원자가 양성자를 얻거나 잃으면, 그 원자는 다른 원소로 변한다.

전자가 따르는 법칙은 최고의 실력을 지녔으면서도 노벨상을 받지 못한 비운의 과학자가 발견한 반면, 원자핵이 따르는 법칙은 노벨상을 받으리라고는 아무도 예상하지 못했던 사람이 발견했다. 그 사람의 이름은 마리아 괴퍼트-메이어Maria Goeppert-Mayer이다.

마리아 괴퍼트Maria Goeppert(결혼 전 이름)는 1906년에 독일에서 태어났다. 아버지는 6대를 이어온 교수였지만, 그 당시 여성은 대학에서 박사 과정을 밟기가 어려웠기 때문에, 마리아는 이 대학 저 대학을 전전하며 필요한 강의를 들었다. 그러다가 결국 박사 학위를 받았지만, 마리아를 강사나 교수로 채용하려는 대학은 하나도 없었다. 마리아는 독일을 방문한 미국인 화학 교수였던 남편 조지프 메이어Joseph Mayer의 도움을 받아 간신히 과학계에 발을 들여놓을 수 있었다. 마리아는 남편이 1930년에 볼티모어로 돌아갈 때 함께 미국으로 건너갔고, 그 후 괴퍼트-메이어(마리아가 결혼하면서 새로 만든 성)도 남편의 연구와 회의에 함께 따라다니기 시작했다. 그러나 불행하게도 대공황 시절에 남편 메이어는 일자리를 잃었고, 두 사람은 뉴욕과 시카고의 대학들을 전전해야 했다.

대다수 대학들은 괴퍼트-메이어가 과학에 관한 토론을 하면서 대학에 머무는 것을 관대하게 봐주었다. 심지어 일거리를 주는 대학도 있었지만 급여는 지불하지 않았다. 그리고 연구 주제도 '색이 나타나는 원인'처럼 '여성'에게 어울리는 것에 한정했다. 제2차 세계 대전이 끝난 뒤, 시카고 대학은 마침내 마리아의 능력을 인정해 물리학 교수로 임용했다. 그러나 마리아는 교수실은 얻었지만, 여전히 급여는 받지 못했다.

마침내 마리아는 남편과 함께 샌디에이고에 새로 생긴 캘리포니아 대학으로 옮겨가 정식 급여를 받는 일자리를 얻었다. 그 무렵에 마리아는 원자핵 껍질 모형을 발견했는데, 이것은 원자핵의 구조를 이해하는 데 큰 도움을 주었다. 하지만 모든 사람에게 과학자로 진지하게 받아들여질 방법은 여전히 찾지 못했다. 1963년에 스웨덴 왕립과학원이 마리아 괴퍼트-메이어를 노벨상 수상자로 발표하자, 샌디에이고의 지역 신문은 "샌디에이고의 주부가 노벨상을 수상하다(S. D.

Mother Wins Nobel Prize)"란 제목으로 그 사건을 축하했다.

주기율표에서의 위치가 원소의 운명을 결정한다

주기율표에서 원자 번호(=그 원소의 양성자 수)로 결정되는 각 원소의 위치는 아주 중요하다. 과학적으로 흥미로운 각 원소의 성질은 거의 다 그 원소의 지리적 위치에 따라 결정된다. 따라서 주기율표는 성뿐만 아니라, 일종의 지도로도 볼 수 있다.

먼저, 오른쪽 맨 끝에 있는 열여덟 번째 기둥에는 '비활성 기체' 원소들이 있다. 많은 화학자는 비활성 기체를 흥미롭게 여기는데, 비활성 기체에 대한 이러한 호기심의 시작은 '원소' 개념과 마찬가지로 플라톤까지 거슬러 올라간다. 플라톤은 화학에 대해서는 아무것도 몰랐지만, 화학에 아주 큰 영향을 미쳤다. 만약 플라톤이 원소가 실제로 어떤 것인지 알았더라면, 틀림없이 주기율표에서 동쪽 끝부분에 있는 원소들을, 그중에서도 특히 헬륨을, 가장 좋아하는 원소로 선택했을 것이다.

왜냐고? 플라톤은 변하지 않는 것은 다른 것과 상호 작용하는 것보다 더 '고귀한' 존재라고 말했기 때문이다. 헬륨과 그 밖의 비활성 기체 원소들은 다른 것과 반응하지 않는 성질이 있으므로, 플라톤은 틀림없이 이 원소들이 아주 마음에 들었을 것이다.

맨 바깥쪽 에너지 준위를 채우는 데 딱 필요한 만큼의 전자를 가진 원소는 헬륨뿐만이 아니다. 열여덟 번째 기둥에 있는 원소들 모두가 그렇다. 그 원소들의 이름은 네온(10번), 아르곤(18번), 크립톤(36번), 제논(54번, 크세논), 라돈(86번)이다. 이 원소들은 정상 조건에서는 어떤 물질하고도 반응하지 않는다.

하지만 비활성 기체 원소들의 이런 행동은 다른 원소들에서는 보기 어렵다. 한 칸 왼쪽에 있는 기둥에는 주기율표에서 가장 정력적이고 반응성이 강한 기체 원소인 할로겐 원소들이 자리잡고 있다. 그리고 왼쪽 끝 기둥에는 반응성이 훨씬 더 강한 알칼리 금속 원소들이 있다.

주기율표에서 서해안에는 반응성이 높은 알칼리 금속 기둥이 솟아 있고 동해안에는 할로겐 기둥과 비활성 기체 기둥이 솟아 있는 반면, 그 사이의 공간에는 '대평원'이 넓게 펼쳐져 있다. 세 번째 기둥부터 시작해 열두 번째 기둥까지 뻗어 있는 이 대평원에는 전이 금속 원소들이 자리잡고 있다.

주기율표에서 오른쪽으로 한 칸씩 이동할 때마다 각 원소는 그 왼쪽 원소보다 전자가 하나씩 더 많아진다. 나트륨(11번)은 전자가 11개이고, 마그네슘(12번)은 전자가 12개이며, 나머지 원소들도 이런 식으로 전자 수가 증가한다. 주기율표에서 오른쪽으로 옮겨가면 전자 수가 하나씩 늘어나므로 이에 따라 원소의 행동도 변하는 것이 정상이고, 주기율표의 다른 원소들은 실제로 그런 행동을 보인다. 그런데 기묘하게도 전이 금속 원소들은 그렇지 않다. 전이 금속 원소들은 모두 화학적으로 비슷하게 행동한다. 그 이유는 전이 금속 원소들은 대부분의 원소들과 달리 맨 바깥쪽 전자들을 외부 세계에 노출시키지 않고 일종의 비밀 서랍에 감춰두기 때문이다. 그 결과로 전이 금속들은 겉모습도 거의 비슷하고, 화학 반응에서도 똑같이 행동한다.

알칼리 금속은 어떤 면에서는 보통 금속과 같지만, 녹이 슬거나 부식하는 대신에 공기 중이나 물 속에서 자연 발생적으로 연소할 수 있다. 또, 할로겐 원소하고도 잘 반응한다. 할로겐 원소는 맨 바깥쪽 전자껍질에 전자가 7개 있어 가득 채우려면 1개가 더 필요하다. 반면에 알칼리 금속 원소는 맨 바깥쪽 전자껍질에 전자가 1개만 있고, 그 바로 아래층의 전자껍질에는 8개가 가득 차 있다. 따라서 알칼리 금속 원소가 남는 전자 1개를 할로겐 원소에게 주는 일이 자연스럽게 일어나는데, 이를 통해 각각 양이온과 음이온이 된 두 원자는 아주 강한 결합으로 뭉친다.(반대 이온끼리는 서로 끌어당긴다. 즉, 양이온과 음이온은 자석처럼 서로를 끌어당긴다.)

이런 종류의 결합(이온 결합이라고 부르는)은 할로겐 원소와 알칼리 금속 원소의 결합으로 이루어진 화합물이 왜 흔한지 설명해준다. 그런 화합물의 예로는 염화나트륨(소금, NaCl)이 있다. 이온 결합은 모든 원자들이 자신에게 필요한 전자를 가장 쉽게 얻을 수 있는 방법이다. 마찬가지로, 나트륨 이온(Na^+) 2개와 산소 이온(O^{2-}) 1개가 결합하여 산화나트륨(Na_2O)을 만든다. 원소들이 몇 번째 기둥에 있고 전하가 얼마인지 알면, 그 원소들이 어떻게 결합할지 대충 알 수 있다. 불행하게도, 주기율표에 있는 원소들이 모두 다 깔끔하게 행동하는 것은 아니다. 하지만 변덕스러운 행동 때문에 오히려 큰 흥미를 끄는 원소들도 있다.

2장

주기율표의 아버지들

주기율표의 역사는 그것을 만든 사람들의 역사라고 말할 수도 있다. 주기율표의 원소들 중에서 다른 것들보다 더 유명한 원소들이 있는 것처럼, 원소들을 발견하고 그것들을 배열해 주기율표로 만든 과학자들 중에도 오늘날까지 명성을 떨치는 사람이 있는가 하면, 기억에서 사라진 사람도 있다.

분젠, 멘델레예프, 마이어

주기율표의 역사에 나오는 과학자 중에서 로베르트 분젠Robert Bunsen의 이름은 여러분도 들어보았을 것이다. 주기율표의 개척자인 분젠은 특별한 찬사를 받을 자격이 있는데, 우리가 화학 실험실에서 사용하는 버너에 이 독일 화학자의 이름이 붙어 있기 때문이다. 하지만 사실은 이 버너를 발명한 사람은 분젠이 아니다. 분젠은 다른 사람이 발명한 버너를 조금 개선하여 19세기 중반에 널리 유행시켰을 뿐이다.

분젠의 첫사랑은 주기율표에서 독성이 가장 강한 원소 중 하나인 비소였다. 33번 원소인 비소는 먼 옛날부터 악명을 떨쳤지만(로마 시대의 암살자들은 비소를 무화과에 발라놓고 상대방이 그걸 먹길 기다렸다), 분젠이 그것을 시험관에 넣고 휘젓기 전까지는 화학자들 중에서 비소에 대해 자세히 안 사람은 거의 없었다. 분젠은 비소를 기반으로 한 화합물 카코딜cacodyl을 연구했는데, 카코딜이란 이름은 '악취가 심한'이란 뜻의 그리스어에서 유래했다. 분젠은 카코딜의 심한 악취가 자신에게 환각을 일으켰다고 말했다. 그리고 그의 혀는 "시커먼 막으로 뒤덮였다." 분젠은 산화철 수화물을 비소의 해독제로 개발했는데(필시 자신의 안전을 위해), 이것은 지금도 비소 중독을 치료하는 최고의 해독제로 꼽힌다. 녹과 관련이 있는 산화철 수화물은 혈액 속의 비소에 들러붙어 비소를 끌어낸다. 하지만 분젠도 모든 위험을 다 막을 수는 없었다. 비소가 든 유리 비커가 폭발하는 바람에 오른쪽 눈이 거의 빠질 뻔한 사고를 겪었고, 그 때문에 그 후 60년 동안 반실명 상태로 살아갔다.

그 사고 후에 분젠은 비소 연구를 그만두고, 한동안 간헐천과 화산을 조사하다가 1850년대에 하이델베르크 대학의 화학 교수가 되

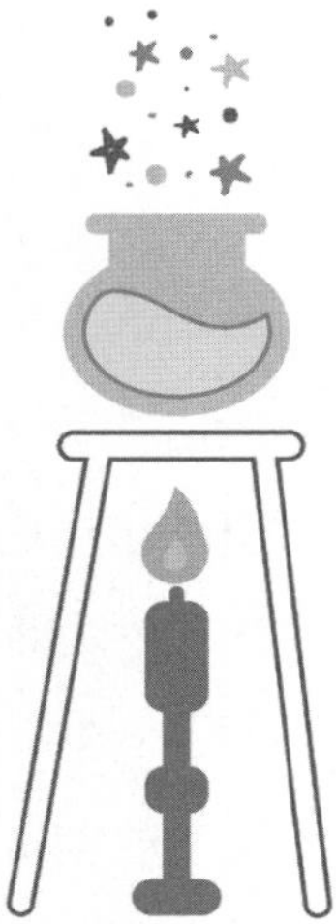

어 다시 화학 연구로 돌아갔다. 그리고 이곳에서 프리즘과 빛을 사용해 원소를 연구하는 장비인 분광기를 발명했다. 주기율표의 모든 원소는 가열하면 특유의 빛이 나온다. 그 빛을 분광기에 통과시키면, 색을 띤 빛의 띠들이 스펙트럼상의 특정 위치에 나타나는데, 이 띠들의 패턴은 원소마다 제각각 다르다. 예를 들면, 수소는 빨간색 선과 황록색 선, 옅은 파란색 선, 남색 선이 하나씩 나타난다. 따라서 수수께끼의 물질을 가열했더니 수소와 동일한 스펙트럼선들이 나타난다면, 그 물질에 수소가 들어 있다는 걸 알 수 있다. 이것은 아주 대단한 업적이었는데, 수수께끼의 물질을 끓이거나 산으로 분해하기 전에 먼저 이 방법으로 그 물질에 어떤 원소들이 들어 있는지 알 수 있기 때문이다.

분광학의 활용을 방해하는 유일한 장애물은 원소를 들뜬 상태로 만들 만큼 충분히 뜨거운 불꽃을 얻는 것이었다. 분젠은 이 문제를 깨끗이 해결할 장비인 분젠 버너도 개발함으로써 화학 실험실에서 불에 자를 녹이거나 연필을 불태운 경험이 있는 사람들 사이에서 일약 영웅이 되었다.

분젠의 연구가 주기율표의 발전에 큰 도움을 준 이유는 두 가지를 꼽을 수 있다. 첫째, 분광기는 새로운 원소를 쉽게 확인할 수 있게 해주었다. 둘째, 분광기는 새 원소를 발견했다는 많은 주장의 진위를 가리는 데에도 큰 도움을 주었다. 새 원소라고 주장한 미지의 물질이 실제로는 이미 알려진 원소들이 위장한 모습이라는 것을 밝혀냈기 때문이다.

과학자들은 새 원소들을 발견하는 것 외에도 원소들을 일종의 가계도로 분류하고 조직할 필요가 있었는데, 여기서도 분젠은 주기율표의 발전에 크게 기여했다. 분젠은 하이델베르크 대학에서 주기율의 초기 연구에 기여한 사람들을 많이 가르쳤다. 이 이야기의 두 번째 주인공이자 주기율표의 아버지로 불리는 드미트리 멘델레예프Dmitri Mendeleev도 그중 한 사람이었다. 초기에 주기율표를 연구한 과학자들은 모두 특정 원소들이 지닌 비슷한 성질에 주목했다. 그런데 이러한 유사성을 남들보다 유달리 잘 알아보는 사람들이 있었다. 멘델레예프는 그러한 유사성을 알아보고 예측하는 능력이 뛰어났기 때문에 최초의 진정한 주기율표를 만들 수 있었다.

사실은, 분젠과 분젠 버너 이야기처럼 최초의 주기율표는 멘델레예프 혼자 만든 게 아니다. 독자적으로 주기율표를 만든 사람이 적어도 6명이나 있지만, 결국 주기율표 이야기에서 가장 중요한 주인공이 된 사람이 멘델레예프였다.

시베리아에서 14남매 중 막내로 태어난 멘델레예프는 열세 살 때인 1847년에 아버지를 잃었다. 어머니는 가족을 부양하기 위해 유리 공장을 인수해 운영했지만, 얼마 후 공장은 불이 나 잿더미로 변하고 말았다. 똑똑한 막내아들에게 모든 기대를 건 어머니는 멘델레예프를 말에 태우고 우랄산맥을 지나 2000여 km를 여행해 모스크바의 일류 대학을 찾아갔다. 그러나 대학 당국은 멘델레예프가 농촌 출신이라는 이유로 입학을 거절했다. 어머니는 이에 굴하지 않고 다시 멘델레예프를 말에 태우고 600여 km를 더 여행하여 상트페테르부르크에 살던 남편의 옛 친구를 찾아갔다. 그리고 멘델레예프가 대학에 들어가는 것을 보고 나서 세상을 떠났다.

다행히도 멘델레예프는 공부를 아주 잘했다. 상트페테르부르크 대학을 졸업한 뒤에 파리와 하이델베르크로 가서 공부했다. 하이델베르크 대학에서는 유명한 분젠 밑에서 잠깐 동안 배우기도 했다.(두 사람은 개인적으로 사이가 나빴는데, 기분 변화가 심한 멘델레예프의 성격도 일부 원인이었지만, 시끄럽고 악취가 심한 것으로 악명 높았던 분젠의 실험실도 일부 원인이었다.) 멘델레예프는 1860년대에 상트페테르부르크 대학으로 돌아와 화학 교수로 일했다. 이곳에서 원소의 본질에 대해 깊이 생각하기 시작했는데, 이 연구의 결과로 1869년에 유명한 주기율표가 탄생했다.

멘델레예프 외에도 원소들을 체계적으로 분류하고 조직하려고 애쓴 사람들이 있었는데, 심지어 답을 발견한 사람들도 있었다. 영국에서는 존 뉴랜즈John Newlands라는 화학자가 1865년에 임시적인 주기율표를 만들어 런던화학협회에 제출했다. 그 당시에는 비활성 기체 원소들(헬륨에서부터 라돈에 이르는)이 알려지지 않았기 때문에, 그의 주기율표는 7개의 기둥으로만 이루어져 있었다. 뉴랜즈는 7개의 기둥을 음계의 도-레-미-파-솔-라-시에 비교했다. 불행하게도 런던화학협회는 이 개념을 유치하게 여겼고, 뉴랜즈의 주기율표는 조롱거리가 되고 말았다.

더 강력한 경쟁자는 말쑥하게 기름을 바른 검은색 머리에 흰색 턱수염을 너저분하게 기른 독일 화학자 율리우스 로타르 마이어Julius Lothar Meyer였다. 마이어는 자신의 주기율표를 멘델레예프와 거의 동시에 발표했으며, 심지어 두 사람은 '주기율표'를 공동 발견한 공로로 노벨상 이전에 가장 명성이 높던 상인 데이비 메달을 1882년에 공동 수상했다. 마이어는 그 뒤에도 훌륭한 연구를 많이 하여 명성이 높아졌지만, 멘델레예프는 성격이 괴팍하게 변했고, 원자가 실제로 존재한다는 사실을 믿으려 하지 않았다. 나중에는 전자나 방사능처럼 눈에 보이지 않는 그 밖의 것들도 믿으려 하지 않았다. 만약 1880년 무렵에 두 사람 중에 누가 더 훌륭한 화학자냐고 물었더라면, 아마도 누구나 마이어를 택했을 것이다. 그렇다면 멘델레예프가 결국 마이어나 다른 화학자들보다 더 큰 명성을 얻게 된 이유는 무엇일까?

다른 사람들은 원소들을 주기율표의 가로줄과 세로줄에 이리저리 배열해보는 데 그쳤지만, 멘델레예프는 평생을 실험실에서 보내면서 각 원소의 감촉과 냄새가 어떠하며 어떻게 반응하는지 열심히 연구했다. 특히 주기율표에서 그 위치를 알아내기가 가장 어려운 금속 원소들에 대한 정보를 많이 알아냈다. 그 덕분에 그 당시 알려진 원소 62종을 전부 주기율표에 정확하게 집어넣을 수 있었다. 무엇보다도 멘델레예프와 마이어는 알려진 원소들 중에서 주기율표의 빈칸에 집어넣기에 적절한 원소가 없으면 그 칸을 빈칸으로 남겨두었지만, 신중한 마이어와는 달리 멘델레예프는 과감하게도 그 빈칸에 들어갈 원소가 새로 발견될 것이라고 주장했다. 심지어 빈칸에 들어갈 원소의 밀도와 원자량까지 예측했는데, 나중에 실제로 그런 특징을 가진 원소가 발견되자 사람들은 멘델레예프의 놀라운 예측에 감탄했다. 게다가 1890년대에 과학자들이 비활성 기체 원소들을 발견했을 때, 멘델레예프의 주기율표는 중요한 시험을 통과했는데, 세로 기둥을 새로 하나 추가하는 것만으로 비활성 기체 원소들을 간단히 주기율표에 포함시킬 수 있었기 때문이다.

멘델레예프는 교과서를 쓰고 있었는데, 마감에 쫓겨 자신의 첫 번째 주기율표를 허겁지겁 만들었다. 그는 그 교과서 1권의 원고를 완성했지만, 그때까지 겨우 원소 8개만 다루는 데 그쳤다. 이제 2권에서 나머지 원소들을 모두 다 다루어야 했다. 6주일 동안 마감을 못 하고 꾸물거리다가 어느 순간에 좋은 아이디어가 떠올랐는데, 그것은 원소들의 정보를 간단하게 표로 나타내는 것이었다. 이 주기율표에서 멘델레예프는 규소(14번)와 붕소(5번) 같은 원소 아래의 빈칸에 들어갈 원소들이 앞으로 발견될 것이라고 예측했을 뿐만 아니라, 그 원소들에 임시 이름까지 붙였다. 멘델레예프는 이국적인 외국어를 사용해 그런 이름을 정했는데, 예컨대 '초超'를 뜻하는 산스크리트어 단어 에카eka를 사용해 규소와 붕소 아래에 위치한 원소들을 각각 에카규소와 에카붕소라고 불렀다.

이론 대 실험

멘델레예프가 화학에서 이룬 업적은 다윈이 생물학에서 이룬 업적이나 알베르트 아인슈타인Albert Einstein이 물리학에서 이룬 업적에 비교할 수 있다. 이들 중 어느 누구도 그 '모든' 연구를 혼자서 하진 않았지만 대부분의 연구를 했고, 그것을 입증하는 근거를 많이 제시했다. 이들은 그 연구가 얼마나 큰 영향을 떨칠지 알았고, 많은 증거로 그 발견을 뒷받침했다. 그리고 다윈처럼 멘델레예프도 자신의 연구 때문에 적이 많이 생겼다. 자신이 본 적도 없는 원소들에 이름을 붙인 것은 주제넘은 짓이었는데, 나중에 '에카알루미늄'을 발견한 사람은 그 원소를 발견한 공로와 이름을 붙일 권리는 그 괴팍한 러시아인이 아니라 자신에게 있다고 생각했다.

폴-에밀 프랑수아 르코크 드 부아보드랑Paul-Émile Francçois Lecoq de Boisbaudran은 1838년에 프랑스 코냐크의 포도주 양조 집안에서 태어났다. 어른이 된 르코크 드 부아보드랑은 파리로 가 분젠의 분광 분석 기술을 배워 세계 최고의 분광학자가 되었다.

1875년, 한 광물의 스펙트럼에서 이전에 본 적이 없는 색띠가 나타나자, 르코크 드 부아보드랑은 자신이 새로운 원소를 발견했음을 즉각 알아챘다. 그는 그 원소의 이름을 옛날에 프랑스 지역을 가리키던 라틴어 지명 갈리아에서 따 갈륨gallium(31번)으로 정했다. 어떤 사람들은 사실은 르코크 드 부아보드랑이 그 원소에 교묘하게 자신의 이름을 붙였다고 비난했다. 르 코크le coq는 프랑스어로 수탉이란 뜻인데, 라틴어로는 갈루스gallus이기 때문이다. 시료를 정제하는 작업에 몇 년이 걸리긴 했지만, 1878년에 르코크 드 부아보드랑은 마침내 순수한 갈륨을 얻는 데 성공했다. 갈륨은 실온에서는 고체이지만 29.8°C에서 녹기 때문에, 손바닥 위에 올려놓으면 녹아서 액체로 변한다(체온은 약 36.7°C이므로). 갈륨은 액체 상태로 만져도 살이 타지 않는 극소수 금속 물질 중 하나이다. 그래서 갈륨은 종종 마술을 보여주는 도구로 쓰인다. 갈륨은 원하는 모양으로 쉽게 만들 수 있고 알루미늄처럼 보이기 때문에, 많이 쓰는 트릭 중 하나는 갈륨으로 스푼을 만드는 것이다. 그러고 나서 뜨거운 차와 함께 갈륨 스푼을 손님에게 내놓는다. 그러면 잠시 후 손님은 찻잔에 넣은 스푼이 사라지는 걸 보고 소스라치게 놀란다.

르코크 드 부아보드랑은 자신이 발견한 갈륨 원소를 과학 학술지에 보고했다. 그것은 멘델레예프가 1869년에 주기율표를 만든 이후 최초로 발견된 새 원소였다. 그 논문을 읽은 멘델레예프는 자신이 에카알루미늄의 존재를 예측했다는 사실을 내세우며 갈륨은 자신이 발견한 것이라고 주장했다. 두 사람은 과학 학술지에서 이 문제를 놓고 논쟁을 벌였는데, 얼마 지나지 않아 논쟁은 험악하게 변했다. 멘델레예프의 주장에 화가 난 르코크 드 부아보드랑은 멘델레예프보다 먼저 주기율표를 만든 무명의 프랑스인이 있었으며, 멘델레예프는 그 사람의 아이디어를 표절했다고(과학계에서 표절은 중대한 범죄 행위이다) 주장했다.

한편, 멘델레예프는 르코크 드 부아보드랑이 측정한 것 중에 오류가 있다고 주장했는데, 갈륨의 밀도와 질량이 자신이 예측한 값과 어긋났기 때문이다. 르코크 드 부아보드랑은 얼마 후 앞서 발표한 측정값을 철회하고, 멘델레예프의 예측과 일치하는 결과를 발표했다. 과학철학자이자 역사학자인 에릭 셰리Eric Scerri는 "이론가인 멘델레예프가 새 원소의 성질을 그것을 발견한 화학자보다 더 정확하게 예측했다는 사실에 과학계는 깜짝 놀랐다."라고 평했다.

이 흥미로운 논쟁은 이론과 실험의 대결이었다. 르코크 드 부아보드랑은 이론의 도움을 받아 새로운 원소를 찾았을까? 아니면 실험에서 새로운 원소의 증거를 발견했는데, 멘델레예프의 이론이 그저 우연히 그것과 일치했을 뿐일까? 르코크 드 부아보드랑은 멘델레예프의 주기율표를 본 적이 없다고 주장했지만, 다른 주기율표를 보았을 가능성이 있으며, 또는 주기율표 이야기가 과학계에 널리 퍼져 과학자들이 새로운 원소를 찾으려는 노력에 간접적 영향을 미쳤을 수도 있다. 위대한 천재 과학자 아인슈타인은 "우리가 관찰할 수 있는 것을 결정하는 것은 이론이다."라고 말했다.

멘델레예프가 한 예측 중에는 당연히 틀린 것도 많았다. 르코크 드 부아보드랑 같은 훌륭한 과학자가 에카알루미늄을 먼저 발견한 게 천만 다행이었다. 만약 멘델레예프가 저지른 실수(멘델레예프는 수소 앞에도 원소가 많이 있다고 예측했고, 태양의 코로나에는 코로늄이라는 특이한 원소가 있다고 예측했다) 중 하나를 누가 먼저 발견했더라면, 이 러시아 화학자는 이름도 남기지 못한 채 죽었을 수도 있다. 하지만 사람들은 멘델레예프가 거둔 성공만 기억하는 경향이 있다. 게다가 역사를 간단하게 소개하려고 할 때에는 멘델레예프의 공을 실제보다 크게 부풀리기가 쉽다. 멘델레예프는 중요한 업적을 많이 세웠지만, 1869년까지 발견된 원소는 전체 원소 중 3분의 2에 불과했고, 그 후에도 그가 만든 최선의 주기율표들에서 일부 원소들이 엉뚱한 가로줄과 세로줄에 들어가 있었다.

이테르비, 원소들의 금광

그 후 많은 연구가 쌓여 완성된 오늘날의 주기율표는 멘델레예프의 주기율표와 많은 차이가 있다. 특히 주기율표 아래쪽에 따로 자리잡고 있는 두 줄 중 하나인 란타넘족 원소들이 그렇다. 란타넘족은 란타넘(57번, 란탄)부터 시작하는데, 20세기로 넘어오고 나서도 화학자들은 주기율표에서 이 원소들의 자리를 마련하는 문제로 골머리를 썩었다. 원소에 대한 예측을 망설이는 법이 없던 멘델레예프조차 란타넘족 원소들만큼은 다루기 어렵다고 두 손을 들었을 정도였다. 그래서 세륨(58번) 뒤쪽의 여러 줄은 빈칸으로 그냥 남겨두었다. 그리고 나중에 세륨 다음의 빈칸들을 새로운 란타넘족 원소들로 채울 때에도 멘델레예프는 그 위치를 잘못 정한 경우가 많았는데, '새로운' 원소라고 생각했던 것 중 상당수가 이미 알려진 원소들의 화합물이었기 때문이다.

그런데 멘델레예프가 상트페테르부르크에서 서쪽으로 수백 킬로미터만 여행했더라면, 이러한 고민이 싹 해결되었을 것이다. 세륨이 처음 발견된 곳에서 멀지 않은 스웨덴의 이테르비Ytterby('바깥 마을'이란 뜻)라는 해안 마을에 별 특징 없는 광산이 있었다.

이테르비의 채석장에서 나오는 광석은 자기瓷器를 만드는 재료를 비롯해 여러 가지 용도로 쓰였다. 이 광석에는 과학자들의 흥미를 끈 사실이 하나 있었는데, 광석을 적절히 처리하면 기묘한 안료와 색 유약을 얻을 수 있었다. 오늘날 우리는 이 밝은 색깔들이 란타넘족 원소의 존재를 알려주는 결정적 증거임을 알고 있다. 이테르비의 이 광산에서 란타넘족 원소들이 특별히 많이 나오는 지질학적 이유가 있다. 지구의 모든 원소들은 처음에는 마치 온갖 양념을 그릇에 집어넣고 잘 버무린 것처럼 지각 속에서 균일하게 혼합돼 있었다. 그러나 금속 원소들, 그중에서도 특히 란타넘족 원소들은 무리를 지어 움직이는 경향이 있는데, 녹은 상태의 물질들이 뒤섞일 때 이 원소들은 함께 모여 다녔다. 그 결과로 란타넘족 원소들의 광맥이 스웨덴 근처에 자리잡게 되었다.

이테르비는 과학적으로 흥미로운 장소가 될 지질학적 조건을 갖추고 있었지만, 그 보물 창고를 발견하는 데에는 위대한 과학자들이 필요했다. 란타넘족 원소들의 발견에 가장 큰 공을 세운 사람은 핀란드 화학자 요한 가돌린Johan Gadolin이다. 1760년에 태어난 가돌린은 과학적 사고방식을 가진 학자 가문 출신의 화학자였다.

가돌린은 젊은 시절에 유럽을 광범위하게 여행한 뒤에 발트해를 사이에 두고 스톡홀름과 마주 보는 투르쿠(지금은 핀란드 땅임)에 정착했다. 이곳에서 그는 지구화학자로 큰 명성을 얻었다. 아마추어 지질학자들이 그의 의견을 듣기 위해 이테르비의 특이한 암석들을 보내오기 시작했는데, 가돌린이 이 암석들을 연구한 결과를 과학 논문을 통해 발표하면서 이 놀라운 채석장이 과학계에 알려지게 되었다.

가돌린은 란타넘족 원소 15종을 모두 가려낼 화학적 도구(또는 화학적 이론)가 없었지만, 이 원소 집단을 분리하는 데 큰 성공을 거두었다. 가돌린은 원소 사냥을 오락거리로 여겼는데, 멘델레예프가 늙었을 때 더 나은 도구를 가진 화학자들이 이테르비의 암석에 관한 가돌린의 연구를 다시 자세히 검토하자, 새로운 원소들이 잔돈처럼 우수수 쏟아지기 시작했다.

가돌린이 원소로 추정되는 물질에 이트리아yttria라는 이름을 붙인 것이 계기가 되어 다른 화학자들도 새로 발견된 원소들에 같은 장소에서 나왔다는 사실을 각인시키기 위해 비슷한 이름을 붙이면서 주기율표에 이테르비의 흔적이 영원히 남게 되었다. 이테르비와 관련이 있는 이름이 붙은 원소는 모두 7개이다. 직접적 관련이 있는 것은 이터븀ytterbium(70번, 이테르븀), 이트륨yttrium(39번), 터븀terbium(65번, 테르븀), 어븀erbium(68번, 에르븀), 이렇게 4개이다.(대한화학회는 이런 역사적, 지리적, 언어적 배경을 무시하고 이테르븀, 테르븀, 에르븀이 아니라 영어식 발음을 따 이터븀, 터븀, 어븀으로 표기하기로 정했다.—옮긴이) 그리고 나머지 세 원소는 스톡홀름의 라틴어 이름을 딴 홀뮴holmium(67번), 신화 속의 스칸디나비아 지명을 딴 툴륨thulim(69번), 그리고 르코크 드 부아보드랑의 끈질긴 주장으로 가돌린의 이름을 딴 가돌리늄gadolinium(64번)이다.

이테르비에서 발견된 7종의 원소 중에서 6종은 멘델레예프가 주기율표에서 빈칸으로 남겨두었던 란타넘족 원소였다. 만약 멘델레예프가 핀란드만과 발트해를 건너 이곳을 여행했더라면, 역사는 완전히 달라졌을지도 모른다. 멘델레예프 자신이 주기율표를 계속 고쳐쓰면서 세륨 다음에 남아 있던 빈칸들을 직접 채워넣었을지도 모르니까.

3장

원소들의 계보

주기율표에서 수평 방향으로 각각의 줄을 읽어나가면 원소들에 관한 사실을 많이 알 수 있지만, 그것은 전체 이야기의 일부에 불과하며, 가장 좋은 이야기도 아니다. 수직 방향의 같은 기둥('족族'이라 부르는)에 위치한 원소들 사이의 관계는 수평 방향의 줄('주기'라 부르는)에 위치한 원소들 사이의 관계보다 훨씬 더 가깝다. 거의 모든 언어는 왼쪽에서 오른쪽으로(혹은 오른쪽에서 왼쪽으로) 글을 읽는다. 하지만 주기율표는 위에서 아래 방향으로 읽는 편이 훨씬 도움이 될 때가 많다. 그러면 경쟁 관계를 비롯해 원소들 사이의 흥미로운 관계를 많이 발견할 수 있다. 주기율표에는 그 나름의 문법이 있으며, 행간을 잘 살피면 완전히 새로운 이야기들이 드러난다.

같으면서도 다른

같은 기둥에 위치한 원소들을 같은 '족族'이라고 부르는데, 이 원소들은 성질이 아주 비슷하다. 예를 들면, 같은 기둥의 위아래에 위치한 탄소와 규소는 맨 바깥쪽 전자껍질에 있는 전자의 수가 똑같고, 그래서 다른 원소들과 반응할 때 비슷하게 행동한다. 탄소는 지구에서 생명체를 만드는 데 가장 중요한 역할을 하는 원소인데, 이 때문에 탄소와 비슷한 성질을 가진 규소는 대체(즉, 외계) 생명체에 관심을 가진 SF 팬들 사이에서 꿈의 원소로 여겨졌다. 탄소와 규소는 이처럼 밀접한 관계에 있지만, 둘은 엄연히 서로 다른 원소이며 각자 독특한 화합물을 만든다.

주기율표에서 규소 바로 밑에는 저마늄(32번, 게르마늄)이 있다. 저마늄 밑에는 예상 밖의 원소인 주석(50번)이, 그리고 주석 밑에는 납(82번)이 있다. 이렇게 주기율표의 14번째 기둥(14족)에서 수직 방향으로 아래로 죽 내려가면, 생명을 책임지는 비금속 원소인 탄소에서 시작하여 현대 전자공학의 핵심을 이루는 준금속 원소인 규소(전자공학에서는 흔히 실리콘이라고 부른다)와 저마늄이 나오고, 그 뒤를 이어 깡통 재료로 쓰이는 회색 금속 원소인 주석, 그리고 독성이 강한 금속 원소인 납이 나온다. 이 기둥에서 각 층 사이의 간격은 좁고, 각 원소는 바로 그 아래에 있는 원소와 비슷한 점이 많지만, 작은 차이가 쌓여 큰 차이가 나타난다.

'같으면서도 다른' 규소와 탄소의 속성을 보여주는 한 예는 이들의 이산화물(산소 원자 2개와 결합한 화합물)이다. 모래와 유리의 주성분인 이산화규소(SiO_2)를 흡입하면 끔찍한 폐 질환인 진폐증에 걸릴 수 있다. 건축 현장에서 하루 종일 모래 분사기를 사용하는 노동자나 단열재 생산 공장에서 유리 먼지를 들이마시며 일하는 노동자 사이에서 종종 진폐증 환자가 발생한다. 그런데 이산화규소는 지각에서 가장 풍부한 광물이기 때문에 진폐증에 걸리기 쉬운 인구 집단이 하나 더 있는데, 바로 활화산 근처에서 살아가는 사람들이다.(화산이 원인이 되어 생긴 이 폐 질환을 영어로 pneumonoultramicroscopicsilicovolcanoconiosis라고 부르는데, 가장 긴 영어 단어 중 하나이다.) 우리의 폐는 이산화탄소를 일상적으로 처리한다. 그러나 그 사촌인 이산화규소가 폐에 들어

같은 족 원소들 사이의
작은 변화가 쌓여 생기는 큰 차이

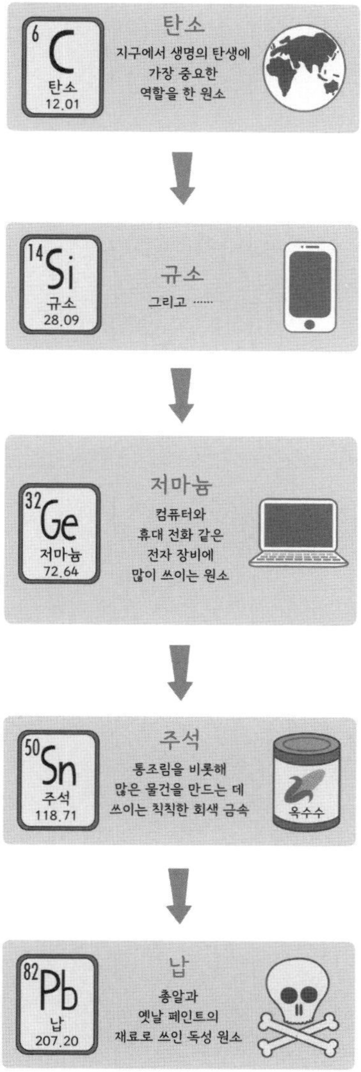

가면 건강에 치명적인 영향을 미칠 수 있다. 6500만 년 전에 큰 소행성 또는 혜성이 지구에 충돌했을 때, 엄청난 양의 유독한 이산화규소 분말이 공기 중으로 솟아올랐다.

검은 양

어느 가족에나 검은 양, 즉 나머지 가족들이 포기한 구성원이 있게 마련이다. 14족의 검은 양은 규소 바로 밑에 있는 불운의 원소 저마늄이다. 규소(실리콘)는 컴퓨터와 마이크로칩, 자동차, 계산기 등에 쓰인다. 실리콘 반도체는 사람을 달로 보냈고, 인터넷을 돌아가게 한다. 그러나 60여 년 전에 일이 조금만 다른 방향으로 흘러갔더라면, 오늘날 캘리포니아주 북부의 실리콘 밸리는 저마늄 밸리로 불리고 있을것이다.

현대 반도체 산업은 1945년에 뉴저지주의 벨연구소에서 시작되었는데, 그곳은 70년 전에 천재 발명가 토머스 앨바 에디슨Thomas Alva Edison이 공장을 세운 곳에서 불과 몇 킬로미터 거리에 있었다. 전기공학자이자 물리학자인 윌리엄 쇼클리William Shockley는 거대한 메인프레임 컴퓨터(그 당시 이 컴퓨터는 방 몇 개를 차지할 정도로 컸다)의 진공관을 대체할 소형 실리콘 증폭기를 만들려고 애썼다. 공학자들은 진공관을 애물단지로 여겼는데, 기다란 전구처럼 생긴 유리관이 약할 뿐만 아니라 쉽게 과열되었기 때문이다. 그러나 아무리 마음에 들지 않아도 진공관을 쓰지 않을 수 없었는데, 전기 신호를 증폭시킬(약한 신호가 죽지 않도록) 뿐만 아니라, 회로에서 전자가 거꾸로 흐르지 않도록 일방통행 수문 역할을 할 수 있는 것은 진공관 말고는 없었기 때문이다.(집에서 배수관 물이 양 방향으로 흐른다고 상상해보면, 어떤 문제가 발생할지 감이 올 것이다.)

에디슨이 발명한 전구가 양초를 대체한 것처럼 쇼클리는 진공관을 대체할 발명을 원했는데, 그는 반도체 원소들에 그 답이 있다는 걸 알고 있었다. 회로에 전자가 충분히 흐르게 하면서(도체 역할) 그와 동시에 통제 불가능할 정도로 전자가 너무 많이 흐르지 않도록(그래서 '반도체'라고 부른다) 하여 필요한 균형을 제공하는 물질은 오직 반도체 뿐이었다. 하지만 훌륭한 공학자가 아니었던 쇼클리가 만든 실리콘 증폭기는 아무것도 증폭시키지 못했다. 2년 동안 연구에 매달리다 좌절한 쇼클리는 두 조수인 존 바딘John Bardeen과 월터 브래튼Walter Brattain에게 그 과제를 던져주었다.

바딘과 브래튼은 금방 실리콘(규소)은 잘 부스러지고 정제하기가 힘들어 증폭기에 부적합하다고 결론 내렸다. 게다가 그들은 저마늄은 맨 바깥층 전자들이 규소의 맨 바깥층 전자들보다 더 높은 에너지 준위에 있고 그래서 원자에 더 약하게 붙들려 있어 전기를 더 잘 흐르게 한다는 사실을 알았다. 두 사람은 저마늄을 사용해 1947년 12월에 세계 최초의 반도체 증폭기를 만들었다.

이 소식에 쇼클리는 큰 흥분을 느꼈을 것이다. 다만, 크리스마스 때 쇼클리는 파리에 있었기 때문에, 이 발명에 자신도 기여했다고 주장하기 어려웠다(쇼클리가 반도체 물질로 사용한 원소는 저마늄이 아니라 다른 원소였다는 사실은 말할 것도 없고). 그래서 쇼클리는 바딘과 브래튼의 공을 가로챌 궁리를 했다.

파리에서 황급히 돌아온 쇼클리는 트랜지스터 연구에 불쑥 끼어들었다. 벨연구소의 홍보 사진들은 세 사람이 연구하는 장면을 보여주었는데, 쇼클리는 항상 바딘과 브래튼 사이의 가운데에 서서 '자신'의 손으로 장비를 만지는 반면, 나머지 두 사람은 마치 조수처럼 어깨 너머로 그것을 지켜보는 모습으로 나왔다. 이러한 이미지가 새로운 현실이 되었고, 과학계는 트랜지스터의 발명에 세 사람이 함께 기여했다고 인정하게 되었다. 또한 쇼클리는 상업적으로 실용성이 있는 제2세대 저마늄 트랜지스터를 자신이 주도적으로 개발하려고 주요 경쟁자인 바딘을 트랜지스터와 아무 관계가 없는 연구실로 보내버렸다. 당연한 일이지만, 얼마 후 바딘은 벨연구소를 그만두었다. 그리고 이 일에 환멸을 느낀 나머지 반도체 연구에서 아예 손을 뗐다.

저마늄의 운명도 암초에 부닥쳤다. 1954년 무렵에 트랜지스터 산업이 급성장했지만, 정작 공학자들은 저마늄이 아니라 실리콘을 원했다. 왜 그랬을까? 저마늄은 전기가 아주 잘 통하는 대신에 불필요한 열이 많이 발생했기 때문에, 저마늄 트랜지스터는 과열로 고장나는 일이 잦았다. 더 중요한 이유는 실리콘이 아주 값싼 재료였기 때문이다. 모래의 주성분인 실리콘은 사실상 '흙'이나 다름없었다! 과학자들은 여전히 저마늄을 신뢰했지만, 실리콘 트랜지스터 개발에 아주 많은 시간을 쏟아부었다.

바딘에게는 다행스럽게도 이 이야기는 다소 당황스러운 에피소드와 함께 행복한 결말로 끝났다. 저마늄 반도체를 연구한 업적 덕분에 그는 브래튼, 그리고…… 쇼클리와 함께 1956년에 노벨 물리학상을 공동 수상했다. 바딘은 아침에 달걀 프라이를 만들다가 라디오(아마도 실리콘 트랜지스터로 작동되던)에서 그 소식을 들었다. 이 소식에 흥분한 그는 그만 가족이 함께 먹을 달걀 프라이를 바닥에 떨어뜨리고 말았다. 노벨상 수상 때문에 그가 저지른 실수는 이게 끝이 아니었다. 스웨덴에서 노벨상 시상식이 열리기 며칠 전에 그는 시상식에 입고 갈 흰색 나비넥타이와 조끼를 다른 빨래와 함께 빨다가 그만 초록색으로 물들이고 말았다.

1958년에 트랜지스터 산업은 또 다른 위기를 맞이했다. 바딘이 퇴장한 다음이어서 기회의 문은 새로운 영웅을 위해 열려 있었다. 비록 그 문을 통과할 때 허리를 구부려야 했을지도 모르지만(키가 2m에 가까웠으니까), 잭 킬비Jack Kilby라는 젊은이가 얼마 후 그 문으로 걸어 들어왔다. 킬비는 전기공학을 전공했지만, 텍사스 인스트루먼츠(TI)에 입사해 '수의 횡포tyranny of numbers'라는 컴퓨터 하드웨어 문제를 해결하는 일을 맡았다. 값싼 실리콘 트랜지스터는 기본적으로 제대로 작동했지만, 첨단 컴퓨터 회로에는 트랜지스터가 수십 개나 들어갔다. 이 때문에 TI 같은 회사들은 전신 작업복을 입은 채 땀을 뻘뻘 흘리고 구시렁거리면서 하루 종일 현미경을 들여다보며 실리콘 부품들을 땜질하는 저임금 근로자들(대부분 여성)을 많이 고용해야 했다. 이 과정은 비용이 많이 들 뿐만 아니라 비효율적이었다. 회로에서 약한 전선이 결국 끊어지거나 느슨해지는 바람에 전체 회로가 작동을 멈추었다. 하지만 공학자들은 많은 트랜지스터를 써야 하는 문제를 해결하지 못했는데, 이 문제가 바로 '수의 횡포'였다.

TI에 막 입사한 킬비는 잠깐 동안 자유로운 시간을 얻어 새로운 아이디어를 연구했는데, 그는 그것을 집적 회로Integrated Circuit라고 불렀다. 회로에서 일일이 손으로 연결해야 하는 부품은 실리콘 트랜지스터뿐만이 아니었다. 탄소 저항기와 자기 축전기도 구리선으로 일일이 연결해야 했다. 킬비는 이런 개개의 부품들을 모두 버리고, 대신에 하나의 반도체 덩어리에 모든 것(모든 저항기와 트랜지스터와 축전기)을 새겨넣는 방법을 고안했다. 그것은 획기적인 아이디어였다. 이전 방법이 각각의 팔다리를 따로 조각해 만든 뒤에 철사로 얼기설기 엮어 전체 조각상으로 합치는 것이라면, 새로운 방법은 한 덩어리의 대리석으로 조각상을 만드는 것에 비유할 수 있다. 킬비는 시제품을 만들 때, 실리콘의 순도를 신뢰하지 않아 저항기와 축전기의 재료로 저마늄을 사용했다. 이 시제품은 스미스소니언협회에 지금도 보관되어 있다.

하나의 반도체 덩어리에서 모든 부품을 만들기 때문에, 이제 부품들을 일일이 땜질할 필요가 없었다. 집적 회로 덕분에 부품을 새기는 과정이 자동화되어 소형 트랜지스터 집단(최초의 진정한 컴퓨터 칩)을 만들 수 있게 되었다. 당시에 킬비는 자신의 혁신 기술을 완전히 인정받지 못했지만, 오늘날 컴퓨터 전문가들은 공학적 혁신의 공을 킬비에게 돌린다. 제품 사이클이 몇 달마다 바뀌는 첨단 산업 분야에서 컴퓨터 칩은 50년이 지난 뒤에도 킬비의 기본 설계를 그대로 사용하고 있다. 킬비는 2000년에 집적 회로 연구에 대한 공로를 인정받아 뒤늦게 노벨상을 수상했다.

그러나 슬프게도 그 무엇도 저마늄을 되살리지는 못했다. 실리콘이 너무 값싸고 풍부하여 금방 저마늄을 대체했다. 저마늄이 힘든 일을 다 하고 나자, 실리콘은 슈퍼스타가 된 반면, 저마늄은 대체로 잊힌 존재가 되고 말았다.

2부

원자 창조와 원자 분해

4장

원자는 어떻게 생겨났을까?: "우리는 별의 물질로 만들어졌다"

지금까지 우리는 일부 원소들이 어떻게 발견되었으며, 원소들이 어떻게 주기율표로 조직되었는지 살펴보았다. 그런데 원소들은 어떻게 생겨났을까? 이 질문에 답하려면, 먼저 '우리'는 어떻게 생겨났을까라는 질문에 답할 필요가 있다. 그 답은 물론 주기율표에서 찾을 수 있다.

빅뱅과 그 밖의 이론들

수백 년 동안 과학계를 지배한 견해는 원소들이 어떤 것으로부터 만들어지지 않았다는 것이었다.

그렇다면 과학자들은 원소들이 어떻게 생겨났다고 생각했을까?

그들은 모든 원소의 나이가 우주의 나이와 같다고 생각했다. 즉, 원소는 창조되지도 않고 파괴되지도 않으며, 늘 그 상태 그대로 존재해왔다고 생각했다.

1930년대에 나온 빅뱅 이론을 포함해 오늘날의 이론들은 우주가 탄생한 약 140억 년 전에 아주 작은 점 속에 우주의 모든 물질이 들어 있었으며, 우리 주변의 모든 물질이 바로 그 시점에서 시작되었다고 말한다.(엄밀하게 말하면, 막 태어난 우주에는 에너지만 가득했고 물질은 없었는데, 우주가 식으면서 에너지에서 물질 입자가 생겨나기 시작했다.—옮긴이) 다이아몬드가 박힌 머리 장식이나 깡통, 알루미늄 포일 같은 게 생겨난 건 아니었지만, 어쨌든 오늘날과 동일한 기본 물질들이 존재했다.(한 과학자는 빅뱅 직후에 우주의 모든 물질이 만들어지기까지는 약 10분이 걸렸다고 계산했다. 그러고는 "원소들을 요리하는 데에는 오리고기나 감자구이를 요리하는 것보다 시간이 덜 걸렸다."라고 농담했다.)

그런데 그 후 수십 년이 지나면서 이 견해가 흔들리기 시작했다. 1939년 무렵에 독일과 미국 과학자들이 태양과 별 내부에서 수소 원자핵들이 융합하여 헬륨 원자핵으로 변하는 반응이 일어나며, 이 과정에서 막대한 에너지가 나온다는 것을 증명했다. 그러자 일부 과학자들은 "그래, (이 핵융합 반응의 결과로) 수소와 헬륨의 양은 변할 수 있다고 치자. 하지만 그 변화 정도는 아주 미미하며, 나머지 원소들의 양이 변한다는 증거는 전혀 없다."라고 말했다. 그러나 망원경의 성능이 점점 개선되자, 젊은 별에는 수소와 헬륨만 있는 반면, 늙은 별에는 다른 원소들이 수십 종 있다는 사실이 밝혀졌다. 게다가 어떤 별에는 지구에 존재하지 않는 테크네튬(43번)처럼 아주 불안정한 원소들이 있었다. 따라서 별들에서는 매일 새로운 원소들이 만들어지는 게 분명했다.

1950년대 중엽에 천문학자 제프리 버비지Geoffrey Burbidge, 마거릿 버비지Margaret Burbidge, 윌리엄 파울러William Fowler, 프레드 호일Fred Hoyle은 '항성 핵 합성' 이론을 내놓았다. 간단히 B^2FH(네 사람의 성 첫 글자를 딴 이름)라 부르는 이 논문은 처음에 우주는 거의 수소 천지였고, 거기에 헬륨과 리튬이 약간 섞여 있었다고 주장했다. 결국 수소 원자들이 뭉쳐 별이 되었고, 그 중심부에서 일어난 수소 핵융합 반응의 결과로 헬륨이 생기기 시작했다. 그리고 수소가 다 타고 난 뒤에야 비로소 주목할 만한 변화가 일어났다. 이 변화는 원소들의 진화 과정이라고 부를 수 있는데, B^2FH는 수소 핵융합 반응에서 시작해 다양한 핵융합 반응을 통해 헬륨부터 철(26번)에 이르는 원소들이 만들어지는 과정을 자세히 설명한다.

따라서 별에서 철이 발견되면, 그보다 원자 번호가 낮은 원소들은 굳이 찾으려고 노력하지 않아도 된다. 일단 철이 만들어졌다면, 주기율표에서 그 앞에 있는 원소들은 이미 만들어졌다고 봐도 무방하다.

상식적으로 생각하면, 아주 큰 별에서 철 원자들이 융합하여 더 무거운 원소가 만들어지고, 다시 그 원소들이 융합하여 나머지 원소들도 모두 만들어질 것처럼 보인다.

하지만 그렇지 않다. 핵융합 반응이 일어날 때 드는 에너지와 발생하는 에너지를 보면, 26개의 양성자를 가진 철 원자핵이 다른 원자핵과 융합할 경우, 발생하는 에너지보다 필요한 에너지가 더 많다. 즉, 철보다 높은 단계의 핵융합은 에너지에 굶주린 별에게 전혀 도움이 되지 않는다. 그래서 철은 별의 자연적 삶에서 만들어지는 마지막 원소이다.

그렇다면 27번 코발트부터 92번 우라늄까지 철보다 무거운 원소들은 어떻게 생겨났을까? 기묘하게도 B^2FH는 이 원소들이 초신성이라는 미니 빅뱅을 통해 만들어졌다고 말한다. 아주 큰 별(태양 질량의 12배 이상)은 더 가벼운 원소들이 다 타고 나면 불과 하루 만에 철로 된 핵만 남는다. 그러나 연료가 바닥난 별은 죽기 전에 자신의 중력 때문에 짜부라지면서 안쪽으로 붕괴하는데, 불과 몇 초 만에 수만 킬로미터나 짜부라진다. 중심부에서는 어마어마한 중력으로 인해 양성자와 전자가 압축되면서 결합해 중성자로 변한다. 그러다가 이 붕괴 과정이 역전되어 바깥쪽으로 폭발하는데, 이것이 초신성 폭발이다.

초신성은 그 지름이 수백만 킬로미터 이상에 이르며, 약 한 달 동안 10억 개의 별보다 더 밝게 빛난다. 초신성 폭발이 일어날 때에는 엄청난 운동량을 가진 입자들이 무수히 쏟아져 나오면서 짧은 순간에 아주 많이 충돌하기 때문에, 정상적인 에너지 장벽을 뛰어넘어 철 원자핵과 다른 입자가 융합하는 반응이 일어난다. 많은 철 원자핵은 여분의 중성자를 얻는데, 그중 일부 중성자가 양성자로 변한다. 원자의 정체성을 결정하는 것은 양성자 수이기 때문에, 이렇게 해서 새로운 원소가 생겨난다. 이 입자 눈보라 속에서 주기율표의 모든 원소들과 그 동위원소들이 생겨난다.

우리 태양계도 초신성 폭발에서 탄생했다. 약 46억 년 전에 한 초신성에서 나온 충격파가 지름 약 240억 km의 납작한 우주 먼지 구름(이전에 적어도 둘 이상 존재했던 별들의 잔해)을 지나갔다. 먼지 입자들은 초신성의 잔해와 섞여 거대한 구름을 이루었다. 밀도가 높은 구름 중심부가 불타오르면서 태양이 되었고, 그 주위를 돌던 물질들이 뭉쳐 행성이 되었다. 여기서 만들어진 것은 단지 행성 뿐만이 아니다. 책과 벽, 탁자, 음식을 비롯해 우리 주변에 있는 모든 것은 이 물질들이 재료가 되어 만들어졌다. 심지어 우리 몸도 한때는 별 속에 있던 물질로 만들어졌다. 천체물리학자 칼 세이건Carl Sagan이 "우리는 별의 물질로 만들어졌다."라고 말한 이유는 이 때문이다.

두 종류의 행성

많은 원소의 이름은 행성 이름에서 땄다. 1781년에 천왕성Uranus이 발견되자, 한 과학자는 한 원소에 천왕성의 이름을 따 우라늄uranium이란 이름을 붙였는데, 정작 천왕성에는 우라늄이 티끌만큼도 없다. 넵투늄(93번)은 해왕성Neptune, 플루토늄(94번)은 명왕성Pluto에서 그 이름을 땄다.(명왕성은 한때 태양계의 아홉 번째 행성으로 꼽혔지만, 2006년에 행성의 지위에서 강등되어 지금은 왜행성으로 분류된다.)

그렇지만 모든 행성 중에서 최근 수십 년 사이에 가장 극적인 장관을 보여준 것은 거대 기체 행성인 목성이다. 1994년에 슈메이커-레비 9호 혜성이 목성과 충돌했는데, 이것은 우리은하 안에서 인류가 역사상 처음으로 목격한 천체 충돌 사건이었다. 이 사건은 사람들의 기대를 저버리지 않았다. 모두 21개의 혜성 파편이 목성에 충돌했고, 충돌로 인한 화염이 3000km 높이까지 치솟았다.

태양계에서 안쪽 궤도를 도는 암석질 행성(수성, 금성, 지구, 화성)의 역사는 기체 행성들의 역사와는 큰 차이가 있다. 태양계가 탄생할 때, 기체 행성(목성 같은)이 먼저 생겨났는데, 암석질 행성보다 적어도 100만 년 이상 먼저 생겼다. 무거운 원소들은 태양 가까이에 모여 수백만 년 동안 조용히 떠다녔다. 마침내 지구와 이웃 행성들이 모든 물질이 녹아 있는 덩어리 상태로 탄생했을 때, 원소들은 그 내부에서 대체로 균일하게 섞여 있었다. 만약 그 물질을 한 움큼 집는다면, 여러분의 손 안에는 전체 우주, 곧 주기율표의 모든 원소들이 들어 있을 것이다.

하지만 원소들이 마구 뒤섞이는 과정에서 화학적 쌍둥이 원소들과 사촌 원소들이 끼리끼리 모이기 시작했고, 결국 특정 원소 집단이 대규모로 모인 장소들이 여기저기 따로 생겨났다. 밀도가 높은 철은 중심부로 가라앉아 아직까지 거기에 머물러 있다. 지구가 식으면서 딱딱한 고체 덩어리로 굳자, 원소 집단들은 지구 곳곳에 흩어져 분포하게 되었다.

태양계의 원소들

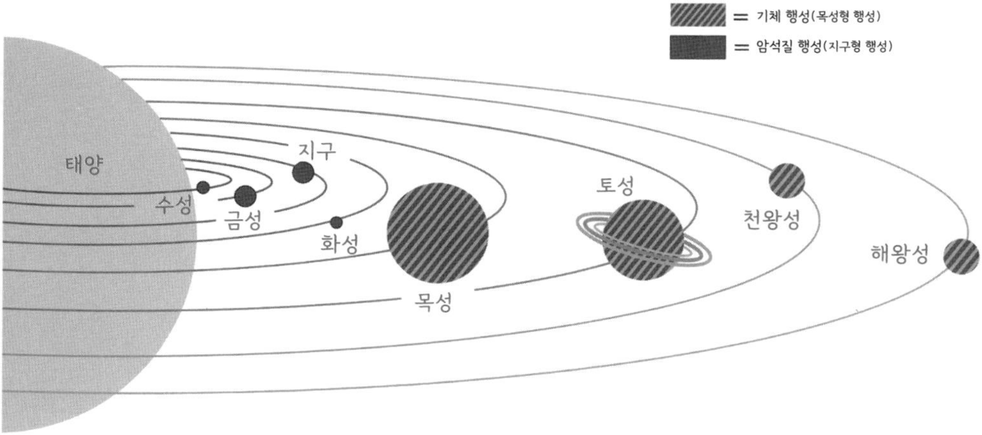

지각에 가장 풍부하게 존재하는 원소들은 산소, 규소, 알루미늄이지만, 기체 원소들이 대부분을 차지하는 태양계 전체를 놓고 보면 이 원소들의 비율은 미미하다. 태양계에서 가장 풍부한 원소는 수소이고, 헬륨이 그 뒤를 잇는다. 수소와 헬륨이 주기율표에서 가장 단순한 두 원소인 것은 우연이 아니다. 이 두 원소는 시간이 시작된 순간에 생겨나 지금까지 죽 존재해왔다.

원소와 지구의 나이

태양계는 아주 오래전에 탄생했다. 그런데 과학자들은 지구가 어떤 과정을 거쳐 탄생했는지 어떻게 알까? 과학자들은 지각에 포함된 일반적인 원소들과 희귀한 원소들의 양과 위치를 분석해 그것들이 어떻게 그곳에 존재하게 되었는지 추정했다. 예를 들면, 일반적인 원소인 납과 우라늄은 지구의 탄생 시기를 알려주었다. 이것은 1950년대에 시카고에서 클레어 패터슨Clair Patterson이라는 대학원생이 매우 정교한 실험을 통해 알아냈다.

패터슨은 유성의 잔해인 운석 조각을 사용해 그것을 알아냈다. 유성은 태양계 초기에 행성들을 만든 것과 동일한 먼지에서 만들어져 계속 그 상태 그대로 우주 공간을 떠돌아다녔기 때문에, 유성의 구성 성분은 사실상 초기 지구와 똑같다.

그래서 어떤 결과를 얻었을까? 지구의 나이는 약 45억 5000만 년으로 나왔다. 납을 분석한 그의 실험에서는 중요한 사실이 또 한 가지 발견되었다. 사람들이 납이 들어간 물질(관, 페인트, 가솔린 등)을 많이 사용하기 때문에 대기 중의 납 농도가 계속 증가하고, 이것은 우리의 건강과 환경에 아주 나쁜 결과를 낳는다는 사실이 밝혀졌다. 그래서 패터슨은 환경 운동가로 변신했는데, 오늘날 어린이들이 납이 들어간 페인트 조각을 먹지 않고, '무연' 가솔린을 사용하는 것이 당연시되어 주유소에서 더 이상 유연 가솔린을 판매하지 않게 된 데에는 패터슨의 공이 크다. 패터슨의 노력 덕분에 납이 들어간 페인트는 사용이 금지되었고, 자동차는 납 증기를 내뿜지 않게 되었다. 패터슨은 지구의 나이를 알아내려고 노력하다가 결국 지구(그리고 우리)의 건강을 지키는 데 크게 기여했다.

5장

전쟁에 쓰인 원소들

초신성 폭발 때 원소들이 모든 방향으로 날아갔고, 용융 상태의 지구에서 물질들이 골고루 섞였지만, 어떤 장소에는 다른 곳들보다 희귀한 광물이 더 많이 존재한다. 그래서 스웨덴의 이테르비에서 일어났던 일처럼 희귀한 광물이나 원소가 천재 과학자의 영감을 자극할 때가 가끔 있다. 그리고 영감보다는 탐욕과 파괴를 자극하는 경우가 더 많다. 특히 희귀한 원소가 상업이나 전쟁 혹은 최악의 경우 둘 다에 쓰일 때에는 더욱 그렇다.

화학 물질을 전쟁 무기로 사용하려는 시도는 고대 그리스에서 처음 일어났다. 기원전 5세기에 아테네를 포위 공격하던 스파르타는 그 당시로서는 최첨단 화학 기술 무기를 사용했는데, 그 무기는 연기였다. 하지만 최초의 화학 무기 공격은 별로 큰 효과가 없었다.

그 후 화학 무기는 제1차 세계 대전이 일어날 때까지 2400여 년 동안 아주 느리게 발전했다. 하지만 제1차 세계 대전이 일어날 무렵에 많은 나라들은 화학 무기의 위협을 알아챘고, 과학이 발전한 나라들은 한 나라만 빼고 1899년에 화학 무기의 사용을 금지하는 헤이그 조약에 서명했다. 유일하게 서명을 거부한 나라는 미국이었는데, 미국의 주장도 일리가 있었다. 기관총으로 18세 소년들을 대량 살상하고, 어뢰로 전함을 격침시켜 해군 장병들을 캄캄한 바닷속에 수장시키는 일을 버젓이 자행하면서, 고춧가루보다 위력이 강하다고 말하기 힘든 당시의 독가스 사용을 금지하는 것은 위선적으로 보였기 때문이다. 그러나 다른 나라들은 서로 과시하듯이 헤이그 조약에 서명했고, 그러고 나서는 곧 그 조약을 무시했다.

비밀리에 진행된 초기의 화학 무기는 브로민(브롬)이 주성분이었다. 브로민은 특히 눈과 코를 고통스럽게 자극하는데, 타는 듯이 뜨거운 눈물을 쏟게 하면서 어른을 그 자리에 주저앉게 만들 정도의 위력이 있었다.

헤이그 조약은 전쟁용 화학 무기만 규제했기 때문에, 1912년에 프랑스 정부는 파리의 은행 강도들을 체포할 때 에틸 브로모아세테이트를 사용했다. 이 소문이 퍼져나가자, 이웃 나라들도 독가스에 신경을 쓰게 되었다. 1914년에 제1차 세계 대전이 일어나자, 프랑스군은 진격해오는 독일군에게 즉각 브로민 포탄을 퍼부었다. 그러나 그 효과는 2000년도 더 전에 스파르타 군대가 거둔 것보다 형편없었다. 바람이 세게 부는 평야에 포탄이 떨어지는 바람에 독일군이 '공격을 받았다는' 사실을 알아채기도 전에 독가스는 바람에 날려 흩어지고 말았다. 그렇지만 이 독가스 공격은 '즉각적인' 효과는 거의 없었다고 말하는 편이 더 정확하다. 왜냐하면, 독가스에 대해 히스테리에 가까운 소문이 양국의 신문을 통해 널리 퍼졌기 때문이다. 독일은 소문을 더 부추겼는데, 독일군 병영에서 운 나쁘게 일산화탄소에 중독돼 사망한 병사가 나오자, 프랑스군의 독가스 공격 때문에 죽었다고 비난을 퍼부었다. 왜 그랬냐고? 그야 당연히 독일의 화학 무기 개발을 정당화하기 위해서였다.

착한 과학과 악한 과학

독일의 독가스 연구는 코밑수염을 기른 대머리 화학자 덕분에 어느 나라보다도 앞서가게 되었다. 프리츠 하버Fritz Haber는 역사상 위대한 화학자 중 한 명으로 꼽히는데, 1900년 무렵에 세상을 확 바꾼 발견을 통해 세계적 명성을 얻었다. 하버는 가장 흔한 물질인 공기 중의 질소(7번)를 재료로 산업 제품을 만드는 방법을 생각해냈다. 하버가 질소를 '붙드는' 과정을 발명함으로써 공기로 비료의 원료인 암모니아(NH_3)를 만들 수 있게 되었다. 암모니아의 생산으로 산업 비료를 값싸게 사용할 수 있게 되자, 농부들은 더 이상 분뇨를 모으거나 퇴비를 만들 필요가 없어졌다. 제1차 세계 대전이 일어나기 전까지 하버는 수백만 명을 기아에서 구했고, 그 덕분에 오늘날 75억 명의 세계 인구 대부분이 먹고 살 수 있다.

그런데 하버는 비료 말고 다른 것에 더 관심이 많았다. 그는 값싼 암모니아로 질소 폭발물을 만들려고 했다. 인류 역사에서 하버 같은 인물이 종종 나타나는 것은 참 슬픈 일이다. 이들은 과학 기술을 활용해 효율적인 살인 도구를 만들어낸다. 하버는 비범한 재능을 가진 인물이었기 때문에 그의 이야기는 더욱 비극적으로 흘러갔다.

제1차 세계 대전이 일어나자, 독일군 지휘부는 하버에게 독가스 개발 임무를 맡겼다. 암모니아 합성에 대한 특허로 정부와 맺은 계약만으로도 큰돈을 벌 수 있었지만, 하버는 새로운 연구 계획을 뿌리치지 못했다. 독가스 개발 부서는 얼마 후 '하버연구소'로 불리기 시작했고, 독일군은 46세의 유대인(하버는 출세를 위해 개신교로 개종했다)을 대위로 진급시켰다.

수십 명의 젊은 화학자가 하버와 함께 일하겠다고 자원하고 나섰다. 독일은 처음에는 화학전 무기 개발에서 프랑스보다 뒤졌지만, 1915년 초에는 프랑스의 최루 가스에 대항할 만한 무기를 개발했다. 그런데 독일은 그 포탄을 프랑스군이 아니라 독가스 무기를 전혀 보유하고 있지 않던 영국군에게 사용했다. 다행히도 프랑스군이 감행한 첫 번째 가스 공격과 마찬가지로 독가스가 바람에 흩어지는 바람에 표적이 된 영국군은 공격받았다는 사실조차 몰랐다.

위험한 발견

자신의 발견을 파괴 무기를 만드는 데 이용한 과학자는 하버가 처음이 아니며 마지막도 아니다. 그런 과학자 몇 사람을 소개한다.

기원전 3세기에 수학자이자 발명가인 아르키메데스Archimedes는 거울과 태양을 이용해 '죽음의 광선'을 쏘아 로마군 함정들을 불태웠다.

스웨덴의 화학공학자 알프레드 노벨Alfred Nobel(노벨상을 만든 바로 그 사람)은 폭발물을 안전하게 만드는 방법을 찾고 있었다. 1864년에 마침내 그 방법을 찾아냈고, 자신의 발명품을 다이너마이트라고 불렀다. 다이너마이트는 전 세계에서 터널을 뚫고 철도와 도로를 건설하는 데 쓰였다. 물론 다이너마이트는 건설하는 데뿐만 아니라 파괴하는 데에도 쓰였다.

베르너 폰 브라운Werner von Braun은 1958년에 NASA가 미국 최초의 인공위성 익스플로러 1호를 발사하는 일을 도왔고, 또 사람을 달로 보내는 로켓을 개발하는 일도 도왔다. 하지만 그전에 조국 독일에서 나치를 위해 일했다. 폰 브라운은 우주여행에 대한 관심을 추구하다가 V-1과 V-2 로켓을 만들었는데, 나치는 이것을 무기로 사용해 수천 명을 죽였다.

독일군은 이에 굴하지 않고 화학 무기 개발에 더 많은 자원을 쏟아부었다. 그런데 한 가지 문제가 있었다. 바로 거추장스러운 헤이그 조약이 문제였는데, 정치 지도자들은 조약을 공공연히 위반하길 꺼렸다. 그래서 생각해낸 해결책은 조약 문구를 아주 꼼꼼하게 읽으면서 원래의 의도를 왜곡해 해석하는 방법이었다. 독일은 그 조약에 서명하면서 "질식 가스나 유독 가스를 확산시키는 것을 '유일한' 목적으로 하는 발사체를 사용하지" 않는다는 데 동의했다. 독일은 이 문구를 아전인수식으로 해석해 가스를 유산탄과 '함께' 실어나르는 포탄은 괜찮다고 주장했다. 그런 포탄을 만들려면 교묘한 공학 기술이 필요했지만(충격을 받으면 증발하면서 가스로 변해 피어오르는 액체 브로민은 포탄 속에서 출렁거려 다루기가 어려웠다), 독일은 결국 그 문제를 해결했고, 1915년 초에 끔찍한 최루 가스 메틸벤질 브로마이드를 가득 채운 150mm 포탄을 생산했다. 독일군은 그것을 '백십자'란 뜻으로 '바이스크로이츠weisskreuz'라고 불렀다. 이번에도 독일군은 프랑스군을 내버려두고 독가스 부대를 동쪽으로 보내 러시아군을 겨냥했다. 독일군은 러시아군을 향해 바이스크로이츠를 1만 8000발이나 발사했다. 하지만 그 결과는 첫 번째 독가스 공격보다 더 참담한 실패였다. 러시아 땅은 너무 추워서 메틸벤질 브로마이드가 얼어 고체로 변해버렸기 때문이다.

브로민을 사용한 독가스 무기에서 두 번의 실패를 겪은 하버는 브로민의 화학적 사촌인 염소(17번)로 눈길을 돌렸다. 염소는 주기율표에서 17족인 브로민 바로 위에 있고, 숨을 통해 들이마시면 브로민보다 훨씬 큰 고통을 준다. 염소 원자는 브로민 원자보다 작기 때문에(염소 원자의 무게는 브로민 원자의 절반이 채 안 된다) 우리 몸의 세포를 훨씬 쉽게 공격할 수 있다. 염소는 피부를 노란색, 초록색, 검은색으로 변색시키고, 눈에 심한 염증을 일으킨다. 염소 가스 공격을 받은 사람은 폐에 액체가 차 사실상 익사한다. 브로민이 불쾌한 독가스라면, 염소는 완전히 새로운 차원의 불쾌한 독가스였다. 독일과 맞서 싸우던 병사들은 곧 염소를 기반으로 한 그륀크로이츠grunkreuz(녹십자)와 블라우크로이츠blaukreuz(청십자), 그리고 악몽 같은 물집이 생기는 겔프크로이츠gelbkreuz(황십자, 일명 머스타드 가스) 공격에 벌벌 떨었다.

하버는 과학 연구를 통해 전쟁에 기여하는 것만으로 만족하지 않고, 1915년 4월에 역사상 최초로 큰 성공을 거둔 독가스 공격을 직접 지휘했다. 이프르 전투에서 이 염소 가스 공격으로 5000여 명의 프랑스군 병사가 진흙탕 참호 속에서 죽었다. 하버는 남는 시간을 활용해 '하버의 규칙'이라는 엽기적인 생물학 법칙을 만들었는데, 이 법칙은 가스의 농도와 노출 시간, 사망률 사이의 관계를 계산하는 데 도움을 주었다. 이 법칙을 만드는 데에는 엄청난 양의 데이터가 필요했을 것이다.

하버의 비범한 능력에도 불구하고, 결국 독일은 제1차 세계 대전에서 패했고, 전 세계에서 악당 국가로 비난받았다. 하버에 대한 국제적 반응은 좀 복잡했다. 1919년, 제1차 세계 대전의 먼지(혹은 가스)가

채 가라앉기 전에 하버는 질소로 암모니아를 만드는 방법을 알아낸 공로로 1918년도 노벨 화학상을 받았다.(노벨상 수상은 전쟁 동안 보류되었다.) 하지만 1년 뒤에 하버는 수십만 명을 살상케 하고 수백만 명을 공포로 몰아넣은 화학전을 주도한 혐의로 국제 전범으로 기소되었다. 하버는 실제로 재판을 받지는 않았다.

독일이 연합국에 지불해야 할 막대한 전쟁 배상금에 모욕을 느낀 하버는 그 돈을 마련하려고 바닷물에 녹아 있는 금을 추출하는 방법을 개발하느라 6년을 허비했다. 다른 계획들도 실패로 돌아갔는데, 이 시기에 하버가 유일하게 세상의 관심을 끈 것은(소련 측에 자신을 독가스전 고문으로 영입하라고 제안하여 이목을 끈 일을 제외한다면) 살충제 연구였다. 하버는 전쟁 전에 치클론 A를 발명했는데, 전쟁이 끝난 뒤 한 독일 회사가 그것을 개선하는 연구를 한 끝에 더 효과적인 차세대 가스 살충제 치클론 B를 만드는 데 성공했다.

하지만 얼마 후 독일에 새로 들어선 나치 정권은 유대인이라는 이유로 하버를 추방했다. 하버는 영국에 머물다가 1934년에 팔레스타인으로 가던 도중에 스위스 바젤에서 사망했다. 한편, 처음에 하버가 개발한 살충제 연구는 계속되었다. 그리고 얼마 후, 나치는 바로 그 치클론 B 가스로 하버의 친척을 포함해 수백만 명의 유대인을 학살했다.

브로민과 염소처럼 전쟁에 사용된 원소가 있는 반면, 전쟁의 원인이 된 원소도 있다. 그것도 오래전이 아니라 최근에 일어난 일이다. 그 중 두 원소에는 그리스 신화에서 큰 고난을 겪은 것으로 유명한 두 사람의 이름이 붙었다. 니오베는 자신의 아들 일곱과 딸 일곱을 자랑하다가 신들의 기분을 상하게 했다. 분노한 신들은 니오베의 자녀를 모두 죽여버렸다. 또 니오베의 아버지 탄탈로스는 아들을 죽이고는, 신들을 초대해 그 고기를 내놓았다.(왜 그랬는지는 분명하지 않다.) 신들을 시험한 이 죄로 탄탈로스는 지하 세계의 연못에 박힌 말뚝에 묶여 영원히 서 있는 형벌을 받았다. 물이 탄탈로스의 턱 밑까지 차 있었지만, 물을 마시려고 고개를 숙이면 물이 아래로 내려갔다. 코앞에는 사과가 주렁주렁 매달린 나뭇가지가 있었지만, 그것을 먹으려고 고개를 들면 나뭇가지가 위로 올라갔다. 니오베와 탄탈로스는 이렇게 상실의 고통과 붙잡을 수 없는 고통에 괴로워했지만, 중앙아프리카 사람들은 이들의 이름이 붙은 원소가 풍부한 것이 원인이 되어 죽어갔다.

탄탈럼(73번, 탄탈)과 나이오븀(41번, 니오브)은 지금 여러분 주머니에도 들어 있을 가능성이 높다. 이 두 원소는 밀도가 높고 내열성과 내식성이 강한 금속으로, 전하를 잘 저장하기 때문에 휴대 전화에 중요하게 쓰인다. 1990년대 중엽에 휴대 전화 제조 회사들에서 두 금속(그중에서도 특히 탄탈럼)의 수요가 크게 늘어났는데, 세계 최대의 공급원은 콩고민주공화국(그 당시 국명은 자이르)이었다. 콩고는 중앙아프리카에서 르완다 옆에 있는데, 1990년대 중엽에 르완다에서 수십만 명이 학살되었다는 뉴스는 여러분도 들어보았을 것이다. 1996년, 르완다에서 권력을 잃은 후투족이 피난처를 찾아 콩고로 흘러들었다. 그 당시에 이 사태는 르완다 국내 분쟁이 국경을 넘어 서쪽으로 몇 킬로미터 정도 확산되는 것에 불과해 보였지만, 결국 울창한 밀림에서 벌어진 전투에 아홉 나라와 200여 개 종족이 휘말려들었다.

콩고는 땅이 넓고 울창한 숲이 많아 전쟁을 오래 계속하기가 힘들다. 게다가 가난한 주민들은 큰돈이 걸린 일이 아니라면 기꺼이 나서서 싸우려고 하지 않는다. 그런데 여기에 탄탈럼과 나이오븀이 끼어들었다. 전 세계 탄탈럼과 나이오븀 생산량 중 60%가 콩고에서 생산된다.(두 금속은 땅속에서 콜탄이라는 광물에 섞여 산출된다. 콜탄을 가공처리해 순수한 탄탈럼과 나이오븀을 얻는다.) 휴대 전화가 널리 보급되자(그 판매량은 1991년에 0대이던 것이 2001년에 10억 대 이상으로 늘어났다), 콜탄을 원하는 서구 세계의 욕망은 탄탈로스보다 강해 콜탄 가격은 10배나 뛰었다. 휴대 전화 제조 회사에 공급하기 위해 콜탄을 구입하는 사람들은 그 출처를 묻지도 따지지도 않았다. 콩고의 광부들은 그 광물이 어디에 쓰이는지 전혀 몰랐으며, 단지 백인들이 비싼 돈을 주고 그것을 사간다는 것과 그 돈으로 자신들에게 필요한 용병을 살 수 있다는 것만 알았을 뿐이다.

무거운 금속들

전체 원소 중 4분의 3이 금속이지만, 제2차 세계 대전 이전에는 철과 알루미늄을 비롯한 몇몇 원소를 빼고는 나머지 원소들은 주기율표의 칸들을 채우는 것 외에는 별로 쓸모가 없었다. 하지만 1950년 무렵부터 모든 금속이 각자 나름의 용도로 쓰이게 되었다. 가돌리늄은 자기 공명 영상(MRI)에 쓰이고, 네오디뮴은 아주 강한 레이저를 만드는 데 쓰인다. 오늘날 알루미늄 야구 배트와 자전거 프레임에 첨가 물질로 쓰는 스칸듐(21번)은 1980년대에 소련이 개발한 경량 헬리콥터에 쓰였다. 또, 소련이 북극해 아래에 숨겨둔 ICBM의 탄두를 만드는 데에도 쓰였다고(핵미사일이 두꺼운 얼음을 뚫고 나가도록 돕기 위해) 알려져 있다. 몰리브데넘(42번, 몰리브덴)과 텅스텐(74번)은 고열도 견디는 단단한 금속으로, 강철에 첨가하면 강철을 아주 강하게 만든다. 탄두에 텅스텐을 씌운 소형 미사일은 전차 장갑도 관통할 수 있다.

불행하게도 이것이 다가 아니었다. 벨기에인이 콩고의 다이아몬드광과 금광을 운영하던 시절과 달리, 콜탄은 특정 집단이 통제하지도 않았고, 채굴하는 데 값비싼 장비가 필요하지도 않았다. 그저 삽한 자루와 튼튼한 허리만 있으면 개울 바닥을 파서 콜탄을 채취할 수 있었다(골드러시 시절처럼). 몇 시간만 일하면 이웃 농부가 일 년 동안

버는 것보다 20배나 많은 돈을 벌 수 있었다. 그러자 너도 나도 농사를 내팽개치고 콜탄 채취에 뛰어들었다. 이 때문에 가뜩이나 부족한 식량 공급이 더 악화되었고, 식량이 부족하자 사람들이 고기를 얻으려고 무분별하게 사냥하는 바람에 고릴라가 멸종 직전에 이르렀다.

하지만 고릴라의 죽음은 사람들의 고통에 비하면 아무것도 아니었다. 제대로 된 정부가 없는 나라에 돈이 쏟아져 들어오는 것보다 위험한 일도 없다. 일반 국민을 위해 그 돈을 어떻게 써야 하는지 관리하는 법이나 규칙이 없는 상황에서 무자비한 자본주의가 판을 쳤고, 생명을 포함해 모든 것을 돈으로 사고팔게 되었다.

콩고 내전은 1998년부터 2001년 사이에 최악의 상황에 이르렀는데, 그제야 휴대 전화 제조 회사들은 자신들이 무정부 상태를 부채질한다는 사실을 깨달았다. 그래서 더 비싸더라도 오스트레일리아에서 탄탈럼과 나이오븀을 사들이기 시작했는데, 그러자 콩고 사태가 약간 진정되었다. 그리고 마침내 2003년에 정전 협정으로 전쟁이 끝났지만, 르완다에 가까운 동부 지역의 상황은 쉽사리 진정되지 않았다.

1990년대 중엽부터 콩고에서 사망한 사람은 모두 500만 명 이상에 이르러 제2차 세계 대전 이후 최대의 인명 손실을 기록한 분쟁이 되었다. 이곳에서 벌어지는 분쟁은 주기율표가 우리에게 큰 희망을 주기도 하지만, 최악의 사태를 초래하는 원인이 되기도 한다는 사실을 생생하게 보여준다.

6장

폭발로 완성된 주기율표

4장에서 보았듯이, 초신성은 우리 태양계에 모든 천연 원소의 씨를 뿌렸고, 갓 태어난 행성은 녹은 상태에서 마구 뒤섞이면서 이 원소들을 암석질 토양 속에 골고루 분포하게 만들었다. 하지만 이 과정만으로는 지구상에서 원소들이 분포하는 양상을 다 설명할 수 없다. 초신성 폭발이 일어난 후, 많은 종류의 원소들은 사라지고 말았는데, 원자핵이 불안정해 자연계에서 오래 살아남을 수 없었기 때문이다. 이 때문에 주기율표에는 많은 구멍이 남게 되었다. 이 구멍들은 멘델레예프의 시대와는 달리, 과학자들이 아무리 열심히 찾아도 결코 채울 수가 없었다. 하지만 결국은 빈 구멍을 모두 메우게 되었는데, 그것은 우리에게 스스로 원소를 만드는 능력이 생긴 다음, 그리고 일부 원소들의 불안정성에 아주 밝게 빛나는 위험이 숨어 있다는 사실을 알고

난 다음에 일어났다.

주기율표를 말끔하게 정리하다

이 이야기는 제1차 세계 대전 직전의 영국 맨체스터 대학에서 시작되었다. 맨체스터 대학에는 훌륭한 과학자가 여럿 있었는데, 연구소 책임자 어니스트 러더퍼드Ernest Rutherford도 그중 한 명이었다. 장래가 촉망되는 학생으로는 헨리 모즐리Henry Moseley가 있었다.

러더퍼드는 시간 낭비라며 그 연구에 반대했지만, 모즐리는 원자에 전자빔을 발사해 원소를 연구하는 방법에 점점 큰 흥미를 느꼈다. 1913년, 모즐리는 금(79번)을 포함해 그때까지 발견된 모든 원소를 체계적으로 연구하기 시작했다. 지금은 잘 알려진 사실이지만, 전자빔이 원자에 충돌하면, 원자 속에 있던 전자가 튀어나가면서 그 자리에 구멍이 남게 된다. 그러면 그 구멍을 채우려고 주변에서 다른 전자들이 몰려오는데, 이 과정에서 고에너지 X선이 나온다. 모즐리는 X선의 파장과 원자핵 속에 있는 양성자의 수, 그리고 그 원소의 원자 번호 사이에 성립하는 수학적 관계를 알아냈다.

멘델레예프가 1869년에 처음 발표한 이래 주기율표는 많은 변화를 겪었다. 멘델레예프는 처음에 주기율표를 옆으로 세운 형태로 만들었는데, 나중에 누군가에게서 그것을 90° 돌리면 훨씬 보기에 편할 것이라는 말을 듣고서 주기율표의 방향을 옆으로 돌려세웠다. 그 후 40년 동안 화학자들은 새로운 기둥을 추가하고 원소들의 위치를 바꾸면서 주기율표를 수정했지만, 여전히 몇몇 문제가 남아 있었다.

주기율표에서 대부분의 원소들은 원자량이 증가하는 순서대로 배열돼 있다. 이 기준을 따르면, 원자량이 58.6934인 니켈(28번)이 58.9332인 코발트(27번)보다 앞에 와야 한다. 하지만 주기율표에서 원소들을 질서 있게 배열하기 위해(코발트와 비슷한 원소들 위에 코발트가 오고, 니켈과 비슷한 원소들 위에 니켈이 오도록 하기 위해) 화학자들은 이 두 원소의 위치를 바꾸었다. 왜 이렇게 해야 하는지 그 이유를 아는 사람은 아무도 없었는데, 이것은 골치아픈 여러 문제 중 하나에 지나지 않았다. 이 문제를 피해가기 위해 과학자들은 원소들의 자리를 나타내는 원자 번호를 만들었지만, 원자 번호가 실제로 무엇을 의미하는지 아는 사람은 아무도 없었다.

그 당시 불과 25세였던 모즐리는 이 문제를 화학 대신에 물리학의 관점에서 바라봄으로써 수수께끼를 풀었다. 이 상황을 제대로 이해하려면 알아두어야 할 사실이 하나 있는데, 그 당시에는 원자핵이 실제로 존재한다고 믿는 과학자가 거의 없었다. 모즐리는 주기율표에서 각 원소의 위치는 한 물리적 특성과 밀접한 관계가 있다고 주장했다. 즉, 각 원소는 원자핵의 양전하가 그 원자 번호와 동일하다고 주장했다. 이로써 원소의 순서는 임의로 정해지는 것이 아니라, 원자의 구조를 바탕으로 정해진다는 것이 입증되었다. 그러자 코발트와 니켈처럼 수수께끼로 보이던 사례들이 명쾌하게 설명되었다. 니켈은 코발트보다 원자량은 작지만, 양성자 수가 더 많아 양전하가 더 크므로 코발트 다음에 오는 것이 맞다. 모즐리의 이 발견이 나온 후로는 억지 설명을 찾으려고 애쓸 필요가 없었다.

게다가 모즐리의 전자총은 분젠의 분광기처럼 혼란스럽게 널려 있던 방사성 동위원소(원자 번호는 같지만 질량수가 서로 다른 원소들. 양성자 수는 같지만 중성자 수가 다르다)들을 제대로 분류하고, 새로운 원소를 발견했다는 엉터리 주장들이 틀렸음을 입증함으로써 주기율표를 말끔하게 정리하는 데 도움을 주었다. 모즐리는 또한 주기율표에 남아 있는 구멍이 4개(43번, 61번, 72번, 75번)뿐이라고 확인했다.(금보다 무거운 원소는 너무 귀해서 1913년 당시에는 실험에 사용할 만한 시료를 얻을 수 없었다. 만약 모즐리가 시료를 구할 수 있었더라면, 85번, 87번, 91번에서도 구멍을 발견했을 것이다.)

원소 사냥꾼

모즐리는 제1차 세계 대전이 일어나자 육군의 만류에도 불구하고 영국 육군에 자원하여 입대했다가 안타깝게도 1915년에 갈리폴리 전투에서 전사했다. 과학자들이 모즐리에게 바칠 수 있는 최고의 경의는 그가 지적한 구멍들에 해당하는 원소를 모두 찾아내는 것이었다.

원소 사냥꾼들은 모즐리에게서 큰 영감을 받아 갑자기 무엇을 찾아야 하는지 확실히 알게 되었고, 그러자 너도 나도 원소 사냥에 뛰어들었다. 얼마 지나지 않아 하프늄(72번), 프로트악티늄(91번), 테크네튬(43번)을 누가 먼저 발견했느냐를 놓고 분쟁이 일어났다. 레늄은 1925년에 발견되었고, 다른 연구팀들이 1930년대 후반에 실험실에서 원소를 인공적으로 만듦으로써 85번과 87번의 구멍을 메웠다. 1940년까지 천연 원소 중 발견되지 않은 원소는 61번 하나만 남았다.

그런데 이상하게도 전 세계에서 그 원소를 찾으려고 노력한 연구팀은 몇 개밖에 없었다. 이탈리아 물리학자 에밀리오 세그레Emilio Segrè가 이끈 팀은 인공적으로 그것을 만들려고 시도하여 1942년에 성공 직전까지 갔지만, 그것을 순수한 형태로 분리하려고 몇 차례 시도하다가 포기하고 말았다. 그리고 마침내 1947년, 필라델피아에서 열린 과학 학회에서 미국 테네시주의 오크리지국립연구소에서 연구하던 세 과학자가 우라늄광을 조사하다가 61번 원소를 발견했다고 발표했다. 이렇게 해서 수백 년에 걸친 화학자들의 노력 끝에 마침내 주기율표에 남아 있던 마지막 구멍이 메워졌다.

그런데 이 원소에 프로메튬이라는 이름까지 붙었는데도 불구하고, 세상의 반응은 놀랍게도 무덤덤했다. 사람들은 플루토늄과 우라늄 같은 무거운 원소(이들이 낳은 원자 폭탄은 말할 것도 없고)에 비하면 대수롭지 않은 원소인 프로메튬에 더 이상 환호할 필요를 느끼지 않았다.

아원자 입자들이 어떻게 행동하는지 이해하기 위해 과학자들은 완전히 새로운 수학 도구인 양자역학을 고안했는데, 양자역학을 가장 간단한 원자인 수소 원자에 적용하는 방법을 찾아내는 데에만 몇 년이 걸렸다.

한편, 과학자들은 원자핵 분열이 어떻게 일어나는지도 이해하게 되었다. 원자는 전자를 잃거나 얻을 수 있지만, 마리 퀴리Marie Curie와 어니스트 러더퍼드 같은 과학자들은 일부 원소들은 원자핵 자체가 변할 수 있다는 사실을 알아냈다. 러더퍼드는 이 변화들을 몇 종류로 분류했는데, 그리스 문자를 따 각각 알파 붕괴, 베타 붕괴, 감마 붕괴라고 불렀다. 원자핵에서 감마선이 나올 때 일어나는 감마 붕괴는 가장 단순하면서 가장 위험한데, 오늘날 핵전쟁 악몽의 주역으로 꼽힌다. 베타 붕괴가 일어나면 원자핵에서 전자가 튀어나오고, 알파 붕괴가 일어나면 원자에서 알파 입자가 튀어나온다. 알파 붕괴와 베타 붕괴가 일어날 때에는 원소의 종류가 변하는데, 1920년대의 과학자들에게는 이해하기 힘든 현상이었다. 원소마다 각자 나름의 고유한 방식으로 방사성 붕괴가 일어나기 때문에, 과학자들은 혼란에 빠졌고, 동위원소의 정체도 수수께끼로 남아 있었다.

그러다가 1932년에 러더퍼드 밑에서 연구하던 제임스 채드윅James Chadwick이 원자핵의 전하에는 아무 변화도 없이 원자량만 늘리는 중성자를 발견하면서 돌파구가 열렸다. 이것을 모즐리의 원자 번호 개념과 결합하자, 갑자기 원자에 관한 수수께끼가 모두 풀렸다. 같은 원소이면서도 원자량이 다른 것들이 존재할 수 있는 이유는 바로 중성자에 있었다. 원자량이 다르더라도 원자핵의 전하가 똑같으면, 주기율표에서 같은 칸에 들어갈 수 있다. 방사능의 정체에 관한 수수께끼도 쉽게 풀렸다. 베타 붕괴는 중성자가 양성자로 변하는 과정으로 밝혀졌는데, 베타 붕괴가 일어나면 양성자 수가 변하기 때문에 원래의 원자가 다른 원소로 변한다. 알파 붕괴 역시 원자핵 차원에서 극적인 변화가 일어나면서 그 원자를 다른 원소로 변하게 한다. 알파 붕괴 때 튀어나오는 작은 원자핵인 알파 입자는 양성자 2개와 중성자 2개(이것은 헬륨의 원자핵과 같다)로 이루어져 있어, 양성자 수가 바뀌기 때문이다.

중성자는 또 과학자들이 새로운 종류의 반응을 이해하는 데 도움을 주었다. 원소들, 그중에서도 특히 가벼운 원소들은 양성자와 중성자를 대략 1 대 1의 비율로 유지하려는 경향이 있다. 원자핵 속에서 중성자가 양성자에 비해 너무 많으면, 원자핵이 분열하면서 큰 에너지와 함께 여분의 중성자가 튀어나온다. 가까이에 있던 다른 원자핵이 이 중성자를 흡수하면, 이번에는 그 원자핵이 불안정해져 핵분열이 일어난다. 여기서 더 많은 에너지와 중성자가 나오고, 그러면 더 많은 원자핵이 불안정해지는 과정이 계속 이어지면서 연쇄적으로 핵분열 반응이 일어난다. 연쇄 반응이라 부르는 이 과정에서 충분히 많은 에너지가 나오면, 핵폭발이 일어날 수 있다.

과학자들이 전자와 양성자, 중성자의 비밀을 기본적으로 이해하기 시작할 무렵, 구세계의 정치 질서는 무너져 내리고 있었고, 제2차 세계 대전의 어두운 구름이 다가오고 있었다.

새로운 원자 모형으로 무장한 과학자들은 주기율표에서 구멍으로 남아 있던 일부 원소들은 본질적으로 불안정하기 때문에 발견되지 않았다는 사실을 알게 되었다. 이 원소들은 초기 지구에서는 풍부하게 존재했을지라도, 이미 오래전에 붕괴해 더 이상 존재하지 않았다. 이것은 주기율표에 남아 있는 구멍들을 잘 설명해주었다. 불안정한 원소들을 연구하던 과학자들은 핵분열 반응과 중성자가 매개하는 연쇄 반응을 발견했다. 그리고 원자핵이 쪼개질 수 있다는 사실을 알자마자, 새로운 원소를 찾는 일은 이제 아마추어의 취미 활동 정도로 보였다. 제2차 세계 대전이 일어나고 원자 폭탄의 가능성이 눈앞에 어른거리던 1939년부터 10년이 지날 때까지 프로메튬을 찾으려고 뛰어든 과학자가 아무도 없었던 것은 이 때문이다.

몬테카를로 방법

과학자들이 핵분열 폭탄의 가능성에 크게 흥분하긴 했지만, 이론과 현실 사이의 간극은 아주 컸다. 그 당시 핵폭탄은 무모한 도박으로 여겨졌는데, 특히 군사 전문가들은 그렇게 생각했다. 원자핵을 제어 가능한 방식으로 분열시키는 방법을 개발하는 것은 그 당시의 과학 수

준을 훨씬 넘어서는 것이어서, 핵무기 개발 계획(맨해튼 계획)을 시작한 미국 정부는 성공을 위해 몬테카를로 방법이라는 완전히 새로운 전략을 사용해야 했다. 이 방법은 실제로 실험을 하는 대신에 종이 위에서 수많은 시뮬레이션을 해보는 과정을 포함했는데, 이것은 결국 '과학을 하는 방법'에 대한 사람들의 인식을 완전히 바꾸어놓았다.

양자역학은 아주 단순한 원자에 적용할 때에는 잘 성립했는데, 1940년 무렵에 과학자들은 원자핵이 중성자를 하나 흡수하면 불안정해져 분열하면서 더 많은 중성자를 내놓는다는 사실을 알아냈다. 중성자 1개의 경로를 추적하는 것은 운동장에서 돌아다니는 축구공의 경로를 추적하는 것만큼 쉽다. 하지만 100개 또는 1000개의 축구공이 동시에 마구 튀어 돌아다니는 장면을 상상해보라. 이 모든 축구공을 추적하기는 매우 어렵다! 연쇄 반응을 추적하는 것은 이보다 훨씬 더 어려운데, 온갖 방향으로 각각 다른 속도로 움직이는 수십조, 수백조 개의 중성자를 추적해야 하기 때문이다. 또한, 우라늄과 플루토늄은 아주 값비싸고 위험했기 때문에, 자세한 실험 연구를 한다는 것은 처음부터 생각조차 할 수 없었다.

맨해튼 계획에 참여한 과학자들은 폭탄 하나를 만드는 데 필요한 우라늄과 플루토늄의 양을 정확하게 계산하라는 지시를 받았다. 폭탄에 넣은 핵물질이 너무 적으면 적절한 폭발이 일어나지 않을 것이다. 반대로 핵물질이 너무 많으면 폭발은 제대로 일어나겠지만, 전쟁은 그만큼 더 길어질 수밖에 없었다. 두 원소 모두 정제 과정이 엄청나게 복잡해서 필요한 양을 얻는 데 시간이 그만큼 오래 걸리기 때문이었다.(플루토늄의 경우 정제 이전에 만드는 과정부터 복잡했다.) 그래서 일부 과학자들은 통상적인 이론이나 실험 방법을 버리고 제3의 방법을 찾기로 했다.

기본적으로 그들은 연필과 종이를 사용한 수백만 번의 계산을 통해 플루토늄 폭탄과 우라늄 폭탄의 가상 데이터(실제 실험에서 얻은 데이터가 아니라)를 얻었다.

물론 그 계산들의 유효성은 과학자들이 만든 방정식이 얼마나 훌륭한가에 달려 있었지만, 그들은 운이 좋았다. 게다가 맨해튼 계획 동안 실행한 계산의 양이 엄청나게 많았기 때문에, 과학자들은 그 결과에 자신감을 가질 수 있었다. 이 자신감은 1945년 중엽에 뉴멕시코주에서 일어난 최초의 핵실험을 통해 입증되었다. 몇 주일 뒤에 히로시마에 투하된 우라늄 폭탄과 나가사키에 투하된 플루토늄 폭탄이 아무 문제 없이 성공하자, 전통 방식에서 벗어나 계산을 바탕으로 한 이 접근법이 옳았다는 것이 입증되었다.

맨해튼 계획이 끝난 뒤, 과학자들은 각자 이전에 일하던 곳으로 돌아가 자신이 한 일을 곰곰이 생각했다.(어떤 사람들은 자부심을 느꼈지만, 어떤 사람들은 그렇지 못했다.) 많은 사람들은 그곳에서 보낸 시간을 싹 잊어버렸다. 하지만 그곳에서 배운 것에 열광한 사람들도 있었는데, 스타니스와프 울람Stanisław Ulam도 그중 한 사람이었다. 폴란드 출신의 울람은 뉴멕시코주에서 카드 게임을 하면서 시간을 보냈는데,

1946년의 어느 날, 혼자서 하는 카드놀이인 솔리테어solitaire를 하다가 무작위로 나눈 카드패가 이길 확률이 얼마인지 갑자기 궁금해졌다. 울람은 자신이 로스앨러모스에서 폭탄을 만드는 '실험'을 할 때 사용한 것과 기본적으로 똑같은 방법을 사용하고 있음을 깨달았다. 울람은 계산을 좋아하는 친구인 존 폰 노이만John von Neumann과 이 문제를 놓고 토론했다. 폰 노이만 역시 유럽에서 건너온 수학자로, 맨해튼 계획에서 중요한 역할을 한 인물이다. 울람과 폰 노이만은 다른 상황들에도 적용할 수 있다면, 그 방법은 아주 강력한 방법이 될 것이라고 생각했다. 실험과 달리 그 결과는 확실한 것은 아니었다. 하지만 계산을 충분히 많이 한다면, 그 확률에 자신감을 가질 수 있었다.

결국 몬테카를로 과학(몬테카를로의 유명한 카지노들에서 사용하는 확률을 바탕으로 했기 때문에 이런 이름이 붙었다)은 금방 널리 확산되었다. 이 방법으로 비용이 많이 드는 실험을 줄일 수 있었고, 고성능 몬테카를로 시뮬레이터(실험 대신 계산을 하는)의 필요성 때문에 컴퓨터는 점점 더 빠르고 효율적으로 변해갔다.

핵폭탄의 종류

울람의 몬테카를로 방법은 초기에는 주로 차세대 핵무기 개발에 쓰였다. 폰 노이만과 울람은 컴퓨터들이 설치된 체육관만 한 크기의 방들로 가서, 그 컴퓨터들로 자정부터 아침까지 자신들의 프로그램을 돌려볼 수 있는지 물었다. 고요한 한밤중에 이들이 개발한 무기는 보통 원자 폭탄보다 위력이 1000배나 강해 '슈퍼super'라는 별명으로 불린 수소 폭탄이었다.

슈퍼를 만드는 최선의 설계를 찾느라 많은 노력을 기울인 끝에 과학자들은 1952년에 마침내 그것을 발견했다. 그해에 슈퍼 실험을 한 장소인 태평양의 에니웨톡 환초(서태평양 마셜 제도에 속한 섬들)가 사라졌는데, 이 사건은 몬테카를로 방법의 무자비한 효율성을 또 한 번 입증했다. 그런데 과학자들은 슈퍼보다 훨씬 무서운 무기를 이미 개발하고 있었다.

원자 폭탄은 두 가지가 있다. 그저 많은 사람을 죽이고 많은 건물을 파괴하려고 하는 미치광이는 재래식 핵분열 폭탄에 만족할 수 있다. 이 폭탄은 만들기가 더 쉽고, 섬광을 동반한 대규모 폭발과 그 여파(거대한 회오리바람, 희생자의 실루엣을 벽에 그을린 자국으로 남기는 열기)로 원하는 목적을 달성할 수 있다. 그러나 미치광이가 인내심이 있고 훨씬 끔찍한 것을 원한다면, 코발트-60으로 만든 '더러운 폭탄dirty bomb'을 사용할 것이다.

재래식 핵폭탄이 뜨거운 열로 사람을 죽인다면, 더러운 폭탄은 감마선(위험한 X선)으로 사람을 죽인다. 감마선은 사람을 잔인하게 태울 뿐만 아니라, 골수로 파고들어 백혈구의 염색체를 파괴하고 변형시킨다. 백혈구는 즉각 죽거나 암세포로 변해 무한 증식하면서 병원균에 대항하는 기능을 잃는다. 모든 종류의 핵폭탄에서는 방사선이 나오지만, 더러운 폭탄은 오로지 끔찍한 방사선만 내뿜는다.

맨해튼 계획에 참여했던 레오 실라르드Leo Szilard는 1950년에 지구 전체에 코발트-60을 1제곱마일당 약 3g씩만 뿌려도 오염된 땅에서 인류를 멸망시키기에 충분한 많은 감마선이 나올 것이라고 계산했다. 그가 생각한 폭탄은 외피를 코발트-59로 만든 다단계 탄두였다. 폭탄 내부에서 코발트 원자는 핵분열 반응과 핵융합 반응에서 나온 중성자를 흡수하는데, 이 과정을 솔팅salting이라 부른다. 솔팅이 일어나면 안정한 코발트-59가 불안정한 코발트-60으로 변하고, 이렇게 변한 코발트-60이 재처럼 떠다니게 된다.

감마선을 내뿜는 원소는 코발트 말고도 많이 있지만, 코발트에는 특별한 점이 있다. 일반적인 원자 폭탄이 폭발하면 그 폭발을 피해 지하 대피소에서 한동안 머물다가 나오면 된다. 폭발에서 생긴 대부분의 방사성 원자들은 금방 붕괴하기 때문이다. 1945년에 원자 폭탄이 투하된 히로시마와 나가사키도 며칠 후에는 그럭저럭 살아갈 수 있는 곳으로 변했다. 다른 원소들도 여분의 중성자를 흡수해 방사성 원소로 변하지만, 방사능 수준은 처음의 폭발 이후에는 다시 그 수준으로 높이 올라가지 않는다.

하지만 코발트 폭탄의 방사능은 시간이 한참 지날 때까지도 쉽게 사라지지 않는다. 코발트-60 원자는 초소형 지뢰처럼 땅 속으로 스며든다. 코발트-60은 단기간에 충분히 많은 방사능을 방출하기 때문에 그 부근에서 벗어나는 게 안전하지만, 5년이 지난 뒤에도 전체 코발트 중 절반 이상이 감마선을 계속 뿜어낸다. 감마선이 이렇게 오랫동안 계속해서 나오기 때문에 코발트 폭탄은 참고 기다리는 방법으로는 극복할 수 없다. 땅이 안전한 상태로 돌아가려면 평생을 기다려야 할지도 모른다. 그래서 코발트 폭탄은 전쟁 무기로 사용하기가 불편한데, 점령군이 오염된 땅을 점령할 수 없기 때문이다. 그러나 인류 멸망을 생각하는 미치광이라면 그런 것에 개의치 않을 것이다.

실라르드는 자신이 생각한 코발트 폭탄(최초의 '종말 장치')은 결코 만들어지지 않길 바랐고, 실제로 그것을 만들려고 시도한 나라는 하나도 없다(공식적으로 알려진 바로는). 사실, 실라르드가 코발트 폭탄 개념을 생각한 것은 핵전쟁의 무모함을 보여주기 위해서였다. 실라르드 이전에도 핵무기는 공포스러운 것이었지만, 세계의 종말을 가져올 정도로 공포스러운 것은 아니었다. 실라르드는 세상 사람들이 코발트 폭탄의 위험을 알면 정신을 차리고 핵무기를 포기할 것이라고 기대했다.

그러나 실상은 전혀 그렇지 않았다.

61번 원소의 정식 이름이 쉽게 잊히지 않는 '프로메튬'으로 정해지고 나서 얼마 지나지 않아 소련도 핵무기를 개발했다. 얼마 후 미국과 소련 정부는 '상호 확실 파괴mutual assured destruction, MAD'라는 전략을 채택했다. 이것은 핵전쟁이 벌어지면 승패 여부에 상관없이 어느 쪽도 무사할 수 없다는 개념이다. 상호 확실 파괴는 정신 나간 전략처럼 보이긴 하지만, 핵무기를 전술 무기로 사용하지 못하도록 억지하는 효과를 발휘했다. 대신에 점점 고조되던 국제 긴장은 미국과 소련 사이의 냉전으로 발전했다. 냉전은 우리 사회 전반에 아주 큰 영향을 미쳤는데, 아름다운 주기율표조차 그 영향에서 벗어날 수 없었다.

7장

원소들의 경쟁: 주기율표의 확대와 냉전의 확산

1950년, 잡지 〈뉴요커〉에 기묘한 공고문이 실렸다.

오늘날 아주 놀라울 만큼 자주는 아니더라도 괄목할 만큼 자주 새로운 원자들이 나타나고 있는데, 과학자들이 97번 원소와 98번 원소를 발견한 버클리의 캘리포니아 대학University of California at Berkeley은 그 원소들에 버클륨과 캘리포늄이라는 이름을 붙였다. …… 그렇지만 이 이름을 지은 사람들은 홍보에 대한 선견지명이 부족한 것처럼 보인다. …… 캘리포니아 대학에서 연구에 몰두하는 과학자들은 조만간 새로운 원소를 한두 개 더 발견할 게 틀림없는데, …… 원소들의 이름을 유니버시튬universitium(97번), 오퓸ofium(98번), 캘리포늄californium(99번), 버클륨berkelium(100번)이라고 붙였더라면 주기율표에 자신의 이름을 영원히 남길 수 있었을 텐데, 캘리포니아 대학은 그 기회를 영영 날려버리고 말았다.

그러자 글렌 시보그Glenn Seaborg와 앨버트 기오르소Albert Ghiorso가 이끄는 버클리의 과학자들은 자신들이 지은 이름은 "97번과 98번 원소를 '유니버시튬'과 '오퓸'이라고 이름 붙인 뒤에 뉴욕의 어느 과학자가 99번과 100번 원소를 발견하고서 '뉴윰newium'과 '요큠yorkium'이라는 이름을 붙이는 불상사를 예방하는" 묘안이라고 응수했다.

이에 대해 〈뉴요커〉의 편집자는 "우리는 이미 회사 실험실에서 '뉴윰'과 '요큠'을 연구하고 있다. 현재까지 우리는 단지 이름만 지었을 뿐이다."라고 응수했다.

그 당시는 버클리에서 과학자로 일하는 게 아주 즐거웠던 시절이었다. 수십억 년 전에 초신성이 모든 것을 시작한 이래 이곳 과학자들이 태양계에서 처음으로 새로운 원소들을 만들어내고 있었다. 하지만 얼마 후 소련과 미국의 냉전 와중에 새로운 원소를 만드는 일이(심지어 이름을 짓는 것조차) 얼마나 치열한 경쟁으로 치닫게 될지 제대로 예상한 사람은 아무도 없었다.

메이드 인 아메리카

1940년, 시보그의 동료이자 친구인 에드윈 맥밀런Edwin McMillan은 우라늄보다 무거운 원소를 최초로 만듦으로써 오랫동안 해결되지 않았던 과학계의 숙원을 이루었다. 맥밀런은 그 원소의 이름을 천왕성 Uranus(우라늄은 바로 이 행성에서 딴 이름이다) 다음 행성인 해왕성Neptune의 이름을 따 넵투늄neptunium이라고 지었다. 맥밀런은 이에 그치지 않고 93번 원소가 매우 불안정하여 중성자 하나가 양성자로 변하면서 붕괴해 94번 원소로 변할 수 있다는 사실을 깨달았다. 그래서 94번 원소의 증거를 열심히 찾았는데, 그러면서 젊은 시보그에게 진행 상황을 계속 알려주었다.

그런데 1940년에는 새로운 원소를 찾는 것보다 더 시급한 일들이 벌어지고 있었다. 제2차 세계 대전에 참전하기로 결정한 미국 정부는 맥밀런을 포함해 과학계의 스타들을 레이더 같은 군사적 연구에 투입했다. 거기에 선발될 만큼 충분히 유명하지 않았던 시보그는 맥밀런이 쓰던 장비와 함께 버클리에 홀로 남았는데, 시보그는 맥밀런이 그 장비로 어떤 연구를 할 계획인지 잘 알고 있었다.

명성을 얻을 절호의 기회라고 판단한 시보그는 한 동료와 함께 극소량의 93번 원소(넵투늄) 시료를 모았다. 넵투늄이 방사성 붕괴를 할 때까지 기다린 다음, 남은 넵투늄을 녹여 없애는 방법으로 방사성 시료를 거르는 작업을 계속한 끝에 마침내 극소량의 물질을 얻었다. 그리고 강력한 화학 물질로 전자를 하나씩 떼어내는 방법을 통해 그 원자의 전하(+7)가 알려진 어떤 이온보다 크다는 사실을 밝혀냄으로써 남은 물질이 94번 원소가 틀림없다는 것을 증명했다. 94번 원소는 처음부터 아주 특별해 보였다. 과학자들은 그 당시 태양계에서 해왕성 다음의 마지막 행성이던 명왕성Pluto에서 이름을 따 이 원소에 플루토늄plutonium이라는 이름을 붙였다.

갑자기 스타가 된 시보그는 1942년에 시카고로 부름을 받아 맨해튼 계획의 한 부서에서 일하게 되었다. 시보그는 여러 학생과 함께 앨버트 기오르소라는 기술자 겸 조수도 데리고 갔다. 전쟁이 끝난 후 버클리로 돌아온 두 사람은 〈뉴요커〉의 표현대로 무거운 원소들을 "아주 놀라울 만큼 자주는 아니더라도 괄목할 만큼 자주" 만들어내기 시작했다. 두 사람은 역사상 어느 누구보다도 많은 원소를 발견했으며, 주기율표를 거의 6분의 1이나 확대했다.

두 사람은 1946년부터 협력 연구를 시작했는데, 플루토늄에 방사성 입자를 충돌시키는 실험을 통해 95번 원소와 96번 원소를 발견했다. 발견한 원소에 이름을 붙일 권리를 가진 이들은 두 원소의 이름을 아메리카와 마리 퀴리의 이름에서 따 아메리슘americium과 퀴륨curium으로 정했다. 시보그는 평소의 딱딱한 태도에서 벗어나 두 원소의 발견 사실을 과학 학술지가 아니라 어린이 라디오 프로그램인 〈퀴즈 키즈Quiz Kids〉에서 처음 발표했다. 한 어린이가 시보그에게 최근에 새로 발견한 원소가 있느냐고 묻자, 시보그는 그렇다고 대답하면서 라디오를 듣던 어린이들에게 선생님한테 낡은 주기율표를 버리라고 알려주라고 했다. 시보그는 훗날 자서전에서 이렇게 회상했다. "나중에 어린이들에게서 받은 편지로 판단할 때, 선생님들은 내 말을 의심했던 것으로 보인다."

버클리 연구팀은 계속해서 1949년에 〈뉴요커〉가 농담거리로 삼았던 버클륨(97번)과 캘리포늄(98번)을 발견했다. 그러고 나서도 주기율표에 새로운 칸을 계속 추가함으로써 학교에 주기율표를 공급하던 회사들을 기쁘게 했는데, 낡은 주기율표를 교체하는 일이 자주 일어났기 때문이다. 버클리 연구팀은 1952년에 99번 원소 아인슈타이늄과 100번 원소 페르뮴을 발견했다. 하지만 이들의 가장 큰 업적은 101번 원소를 만든 것이었다.

원자핵은 양성자 수가 많아질수록 불안정해지기 때문에 과학자들은 알파 입자를 발사할 표적으로 충분히 큰 시료를 만드는 데 어려움을 겪었다. 아인슈타이늄을 발판으로 101번 원소를 만들려면 아인슈타이늄 시료가 충분히 있어야 하는데, 그러려면 플루토늄에 알파 입자를 발사하는 작업을 3년 동안이나 계속해야 했다. 하지만 이마저도 첫 번째 단계에 지나지 않았다! 101번 원소를 만들려고 시도할 때마다 극소량의 아인슈타이늄을 금박에 묻힌 다음, 거기다가 알파 입자를 발사하고, 그러고 나서 금을 녹여 없애야 했다. 101번 원소는 만들어진 원자의 수가 너무 적어 화학 반응으로는 그 존재를 확인할 수 없었다. 그래서 다른 방법을 생각해냈는데, 101번 원소의 각 원자가 분해할 때까지 기다렸다가 그 파편들을 분석했다.

알파 입자 충돌 실험은 오직 한 실험실에서만 할 수 있었고, 새로운 원소를 확인하는 작업은 수 킬로미터 떨어진 다른 실험실에서만

할 수 있었다. 그래서 매번 충돌 실험을 할 때마다 금박이 녹는 동안 기오르소는 실험실 밖에서 폴크스바겐에 시동을 걸고 기다렸다가 시료를 받아 다른 실험실로 달려갔다. 연구팀은 이 실험을 한밤중에 했는데, 만약 교통 체증으로 길이 막히기라도 하면 시료가 붕괴하여 모든 노력이 허사로 돌아가기 때문이었다.

이 작업을 계속 반복하다가 1955년 2월의 어느 날 밤에 마침내 이들의 노력이 결실을 맺었다. 기오르소는 성공을 기대하며 방사능 탐지기를 건물의 화재경보기에 연결시켰는데, 마침내 101번 원자가 붕괴하면서 방사능이 나오자 화재경보기가 요란하게 울렸다. 그날 밤, 화재경보기는 열여섯 번 더 울렸고, 그럴 때마다 그곳에 모인 연구팀은 환호성을 질렀다. 새벽녘에 이들은 모두 피곤하지만 행복한 마음으로 집으로 돌아갔다. 그런데 기오르소는 방사능 탐지기를 화재경보기에서 떼어내는 것을 깜빡 잊고 돌아갔는데, 다음 날 아침에 그 건물에 있던 사람들 사이에 한바탕 난리가 일어났다. 101번 원소 원자 하나가 뒤늦게 붕괴하여 화재경보기가 한 번 더 울렸기 때문이다.

버클리 연구팀은 이미 자신들의 도시와 주와 국가 이름을 썼기 때문에, 101번 원소의 이름은 드미트리 멘델레예프를 기려 멘델레븀mendelevium으로 정하자고 제안했다. 이것은 과학적으로는 아주 간단한 일이었지만, 냉전 시대에 러시아 과학자에게 존경을 표하는 것은 외교적으로는 아주 과감한 행위였으며, 적어도 미국에서는 일반 대중의 지지도 높지 않았다. 물론 러시아 사람들은 이 결정을 크게 반겼다.

시보그와 기오르소를 비롯해 여러 과학자들은 과학은 쩨쩨한 정치를 초월한다는 걸 보여주길 원했으며, 냉전 기간이라고 해서 달라질 건 없다고 생각했다.

시보그는 얼마 후 버클리를 떠났고, 기오르소가 버클리 연구팀을 이끌며 연구를 계속했다. 버클리 연구팀은 사실상 전 세계의 나머지 핵물리학 연구팀들을 지도했다. 다른 연구팀들은 자신들의 실험 결과를 확인하기 위해 버클리에 문의했다.

스웨덴의 한 연구팀이 버클리보다 앞서 102번 원소를 발견했다고 주장하자, 버클리는 신속하게 그 주장을 부정했다. 대신에 버클리 연구팀은 1960년대 초에 102번 원소 노벨륨(다이너마이트의 발명자이자 노벨상을 창설한 알프레드 노벨의 이름을 딴)과 103번 원소 로렌슘(버클리방사선연구소를 세운 어니스트 로렌스Ernest Lawrence의 이름을 딴)을 발견했다고 발표했다. 이런 상황에서 러시아 과학자들도 바짝 뒤를 쫓아오고 있었다.

러시아 과학자들의 추격

일부 러시아인 사이에서는 그들이 사는 땅에 관한 흥미로운 창조 신화가 전해 내려온다. 이 이야기에 따르면, 태초에 신이 모든 광물을 팔에 안고 땅 위를 걸어다니면서 골고루 뿌렸다고 한다. 처음에는 일이 계획대로 순탄하게 굴러갔다. 탄탈럼은 여기에, 우라늄은 저기에 …… 하는 식으로 뿌려나갔다. 그런데 시베리아에 도착하자 신은 손가락이 얼어붙어서 모든 광물을 그만 땅에 떨어뜨리고 말았다. 동상에 걸린 손으로 그것을 다시 집어올릴 수가 없자, 신은 내키지 않았지만 그곳에 광물들을 그냥 남겨두고 갔다고 한다. 러시아 사람들은 그래서 자기 나라에 광물 자원이 풍부하다고 자랑스럽게 이야기한다.

이렇게 풍부한 광물 자원을 보유하고 있는데도 불구하고, 주기율표의 천연 원소 중 러시아에서 발견된 원소는 별로 쓸모도 없는 루테늄(44번)과 사마륨(62번) 두 종뿐이었다. 스웨덴과 독일, 프랑스에서 발견된 수십 종의 원소와 비교하면 보잘것없는 기록이었다. 멘델레예프 이후에 배출된 위대한 러시아 과학자들의 명단 역시 나머지 유럽과 비교하면 초라하기 짝이 없었다. 러시아에도 훌륭한 과학자가 될 잠재력을 지닌 천재들이 있었을 테지만, 부실한 교육과 혹독한 날씨를 포함해 여러 이유로 러시아에서는 뛰어난 과학자들이 별로 나오지 않았다.

1929년부터 소련을 철권 통치한 이오시프 스탈린Iosif Stalin이 과학자들을 체포해 강제 노동 수용소로 보낸 것도 문제를 악화시켰다. 그는 많은 과학자를 시베리아 노릴스크 외곽에 위치한 악명 높은 니켈 제련소와 수용소로 보냈다. 이곳은 겨울이면 온도가 −60°C까지 내려가는 날도 많았다. 노릴스크는 원래 니켈 광산으로 유명한 곳이지만, 디젤유 증기에서 나는 황(16번) 냄새가 늘 진동했고, 이곳에서 과학자들은 비소, 납, 카드뮴(48번)을 비롯해 유독한 금속을 추출하는 일을 했다. 공기 오염도 심각했는데, 추출하는 금속의 종류에 따라 분홍색 또는 파란색 눈이 내렸다. 모든 종류의 금속을 다 추출할 때에는 검은색 눈이 내렸다.(검은색 눈은 지금도 가끔 내린다.) 무엇보다 섬뜩한 사실은 유독한 니켈 제련소에서 사방 50km 안에는 지금까지 나무가 단 한 그루도 자라지 않았다는 점이다. 어쨌든 거의 한 세대가 지나도록 소련 과학은 산업을 위해 니켈과 그 밖의 금속을 추출하느라 낭비되었다.

스탈린은 무조건적 충성을 요구했는데, 소련의 핵무기 계획은 충성스러운 핵과학자 게오르기 플료로프Georgy Flyorov가 주도해 추진했다. 1942년, 플료로프는 독일과 미국 과학자들이 핵화학 분야에서 상당한 진전을 이루었는데도 과학 학술지에 이와 관련된 논문이 전혀 실리지 않는다는 사실을 눈치챘다. 플료로프는 이 연구가 국가 기밀일 것이라고 추측했는데, 그 이유는 하나밖에 없었다. 플료로프는 아인슈타인이 루스벨트 대통령에게 보낸 편지(맨해튼 계획을 시작하게 하는 데 중요한 역할을 한)를 연상시키는 편지를 스탈린에게 보내 자신의 생각을 알렸다. 이에 화들짝 놀란 스탈린은 물리학자 수십 명을 징발해 소련도 독자적으로 원자 폭탄 개발 계획을 시작하게 했다.

스탈린과 그 후계자들은 1949년에 소련이 핵폭탄 실험에 성공하자 크게 기뻐했고, 그 보답으로 8년 뒤에 플료로프 동지에게 개인 연구소를 선물로 지어주었다. 이 연구소는 모스크바에서 130km 떨어진 두브나시에 세운 독립적인 연구 시설이었다.

두브나의 과학자들은 주기율표를 더 깊이 탐구하면서 가벼운 원소들을 융합시키려고 시도했다. 얼핏 보기에는 이 계획은 간단한 산수처럼 보인다. 102번 원소를 만들고 싶다면, 이론적으로는 마그네슘(12번)을 토륨(90번)에 충돌시키거나, 바나듐(23번)을 금(79번)에 충돌시키면 될 것 같다. 하지만 이러한 융합의 결과물이 그대로 남아 있는 경우는 극히 드물기 때문에, 과학자들은 어떤 원소 쌍을 사용하는 게 돈과 노력을 투자할 만한 가치가 있는지 계산하느라 많은 시간을 썼다. 플료로프와 동료들은 열심히 연구하는 동시에 버클리 연구팀의 기술을 모방했다. 시보그와 기오르소가 이끈 버클리 연구팀은 101번, 102번, 103번 원소를 먼저 만들어 소련보다 앞서갔다. 하지만 1964년에 두브나 연구팀은 104번 원소를 최초로 만들었다고 발표했다.

미국인은 큰 충격과 함께 분노를 느꼈다. 자존심을 구긴 버클리 연구팀은 두브나 연구팀의 결과를 꼼꼼히 분석한 뒤, 그것이 불완전한 성과라고 발표했다. 그러면서 스스로 104번 원소를 만드는 데 착수했는데, 기오르소가 이끄는 연구팀이 시보그의 조언을 받아가며 노력한 끝에 1969년에 104번 원소를 만드는 데 성공했다. 그러나 그 무렵에 두브나 연구팀은 105번 원소를 만들었다고 발표했다. 버클리 연구팀은 또다시 소련을 따라잡으려고 애쓰는 한편으로 소련 과학자들이 데이터를 잘못 해석했다고 주장했다. 두 팀은 1974년에 몇 개월 간격으로 나란히 106번 원소를 만들었다. 이전에 미국인이 새로 만든 원소에 멘델레븀이란 이름을 붙이면서 보여주었던 과학계의 국제적 단합은 이제 더 이상 찾아보기 힘들었다.

두 팀은 각자 '자신'의 원소에 이름을 따로 붙이기 시작했다. 두브나 연구팀은 아마도 버클리 연구팀이 버클륨이란 이름을 붙인 것에 영감을 얻어 105번 원소에 더브늄(대한화학회는 '두브나'라는 러시아 지명을 무시하고 105번 원소를 두브늄이 아니라 영어식으로 '더브늄'으로 표기하기로 정했는데, 이는 파리Paris를 패리스라고 표기하는 것과 다를 바가 없다.—옮긴이)이라는 이름을 붙였다. 버클리 연구팀은 106번 원소의 이름을 글렌 시보그의 이름을 따 시보귬으로 정했다. 살아 있는 인물의 이름을 붙이는 것이 '불법'은 아니지만, 이 결정은 눈살을 찌푸리게 하는 미국 방식으로 비쳤다. 전 세계의 과학 학술지들에 서로 다른 원소 이름들이 등장하기 시작했고, 주기율표 제작자들은 이 혼란을 어떻게 수습해야 할지 갈피를 잡을 수 없었다.

IUPAC

놀랍게도 이 논쟁은 1990년대까지 이어졌는데, 그때 서독의 한 연구팀이 원소들을 놓고 서로 자기 것이라고 다투던 미국과 소련을 추월해 새로운 원소를 만듦으로써 혼란을 더 부추겼다. 결국 문제를 해결하기 위해 화학자들의 국제 학술 기관인 IUPACInternational Union of Pure and Applied Chemistry(국제 순수 및 응용 화학 연합)가 나섰다.

1995년, IUPAC는 104번부터 109번까지의 원소 이름을 공식적으로 정해 발표했다. 이 타협안에 두브나와 다름슈타트(서독 연구팀의 본거지)는 만족을 표시했지만, 버클리 연구팀은 시보귬이 106번 원소에서 탈락한 것에 분노했다. 그들은 기자 회견을 열어 기본적으로 "너희들이 뭐라고 하건, 미국에서는 시보귬이란 이름을 사용할 거야!"라고 발표했다. 전 세계에 큰 영향력을 행사하는 미국의 한 화학 단체도 버클리 연구팀을 지지했다. 그러자 분위기가 반전되어 결국 IUPAC도 결정을 바꾸었다. 그래서 1996년에 최종 명단이 나왔을 때, 시보귬이 106번 원소로 포함되었고, 그 밖에 러더포듐(104번), 더브늄(105번), 보륨(107번), 하슘(108번), 마이트너륨(109번)이 정식 원소명으로 정해졌다.

하지만 이런 이야기는 말끔하게 끝나는 경우가 드물다. 1990년대에 미국 과학자들은 러시아와 독일 과학자들에게 추월당했다. 1994년부터 1996년까지 불과 2년 사이에 독일 과학자들은 110번 원소 다름슈타튬과 111번 원소 뢴트게늄을 만드는 데 성공했다. 다름슈타튬은 독일 연구자들의 본거지인 다름슈타트에서, 뢴트게늄은 위대한 독일 과학자 빌헬름 뢴트겐의 이름에서 딴 것이다. 그리고 2009년 6월에는 112번 원소 코페르니슘(지동설을 주장한 코페르니쿠스의 이름에서 딴)을 주기율표에 추가했다. 그대로 뒷전으로 밀려날 수 없다고 판단한 버클리는 독일에서 110번 원소와 112번 원소를 발견하는 데 중요한 역할을 한 빅토르 니노프Victor Ninov라는 불가리아인 젊은이를 1996년에 고용했다.

1999년에 니노프 연구팀은 화려한 재기를 위해 야심만만한 실험을 감행했는데, 118번 원소를 만들기 위해 납(82번)에 크립톤(36번)을 충돌시키는 실험이었다. 많은 사람들은 성공하지 못할 것이라고 말했지만, 이 실험은 기적적으로 성공했다. 과학자들은 "니노프는 하느님과 직접 대화를 나누나 봐."라고 농담을 했다. 무엇보다도 118번 원소는 생겨나자마자 즉각 알파 입자를 방출하면서 붕괴해 116번 원소가 되었는데, 116번 원소 역시 이전에 발견된 적이 없던 원소였다. 단 한 번의 실험으로 버클리 연구팀은 두 가지 원소를 만들어낸 것이다! 버클리 캠퍼스에는 기오르소를 기려 118번 원소의 이름을 기오르슘으로 지을 것이라는 소문까지 퍼졌다.

그런데…… 러시아와 독일 연구팀이 그 결과를 확인하기 위해 같은 실험을 반복해 보았지만, 118번 원소는 발견되지 않았고 크립톤과 납만 남았다. 버클리의 다른 연구팀도 그 실험을 다시 해보았지만, 몇 달에 걸친 확인에도 불구하고 이들 역시 아무것도 발견하지 못했다. 118번 원소에 관한 원본 데이터 파일을 살펴본 조사관들은 놀라운 사실을 발견했다. 애초에 그런 데이터 자체가 없었다! 118번 원소의 존재를 뒷받침하는 증거는 전혀 없었다. 모든 정황은 중요한 방사능 탐지기들과 그것을 작동시키는 컴퓨터 소프트웨어를 제어한 빅토르 니노프가 데이터를 조작했음을 시사했다. 원소가 오직 컴퓨터에만 존재한다면, 한 사람이 컴퓨터를 조작함으로써 얼마든지 온 세상을 속일 수 있다.

경악한 버클리 연구팀은 118번 원소를 발견했다는 주장을 철회했다. 니노프는 해고되었고, 버클리 연구팀은 예산이 대폭 삭감되었다. 지금까지도 니노프는 데이터를 조작했다는 혐의를 부인하고 있다. 더욱 나쁜 일은 이제 미국 과학자들이 중원소 연구를 하려면 러시아의 두브나를 방문해야 한다는 사실이었다.

2006년, 두브나에서 국제 연구팀이 캘리포늄 원자 표적에 칼슘 원자 1000경 개를 충돌시킨 끝에 118번 원소 원자 3개를 만들었다고 발표했다. 이 주장은 지금까지 옳은 것으로 받아들여지고 있으며, 지난 몇 년 사이에 러시아 과학자와 러시아 도시의 이름을 딴 새 원소 세 종이 주기율표에 추가되었다. 세 원소의 이름은 플레로븀(114번), 모스코븀(115번), 오가네손(118번)이다. 하지만 이젠 미국 과학자들도 기가 죽을 이유가 없다. 냉전 시대의 치열한 경쟁 이후 미국 과학자들과 러시아 과학자들 사이의 관계는 훨씬 우호적으로 변했으며, 최근에 발견된 두 원소(러시아에서 만들어졌지만, 미국 과학자들의 도움을 받아 일어난) 역시 주기율표에 추가되었다. 두 원소의 이름은 미국 연구소의 이름을 딴 리버모륨(116번)과 테네시주에서 그 이름을 딴 테네신(117번)이다.

3부

실수와 경쟁

8장

나쁜 화학

사람들이 주기율표를 바라보는 방식을 바꾼 과학자는 글렌 시보그와 앨버트 기오르소뿐만이 아니었다. 라이너스 폴링Linus Pauling도 주기율표 화학을 변화시키는 데 큰 역할을 했다. 폴링은 1930년대부터 수십 년 동안 물리학계와 화학계에서 전설적인 인물이었다. 폴링은 위대한 과학자인데도 오늘날 일반인이 잘 모르는 사람 중 한 명이다. 혹시 그의 이름을 들은 사람이 있다면, 그것은 폴링이 저지른 과학사에서 아주 큰 실수 때문일지도 모른다.

지금은 과학을 하다가 저지르는 실수가 반드시 나쁜 것은 아니다. 경화 고무, 테플론, 페니실린은 모두 실수 때문에 발명되었다. 역사를 살펴보면, 서투른 실수와 명백한 실수도 과학의 발전에 기여한 적이 많지만, 폴링의 실수는 그런 종류의 실수가 아니었다. 그것은 훨씬 큰 실

이런! 이건 내가 발견하려고 했던 게 아니야!

과학자들 사이에서 가장 유명한 격언은 이게 아닐까 싶다. 처음에 성공하지 못하더라도, 포기하지 말고 계속 노력하고 노력하고 끝까지 노력해…… 실패를 다른 종류의 성공으로 만들라! 여러분도 알고 있을지 모르겠지만, 과학사에서 일어난 행운의 사고 몇 가지를 소개한다.

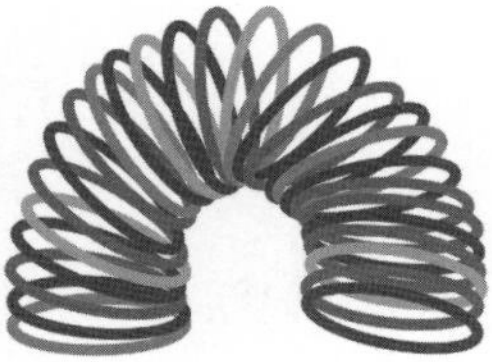

슬링키(SLINKY)

슬링키는 1943년에 기계공학자 리처드 제임스Richard James가 선박용 용수철을 만들려고 시도하다가 발명했다. 실수로 그 용수철을 선반에서 떨어뜨렸는데, 그것이 '걸어가는' 것을 본 제임스는 뭔가 특별한 것을 발명했다는 사실을 알아챘다. 물론 이것은 처음에 의도했던 발명이 아니었다.

포스트잇(POST-IT NOTES)

1970년대 이전에는 포스트잇이 세상에 없었다는 사실을 알고 있는가? 1968년, 미국 회사 3M에 다니던 스펜서 실버Spencer Silver는 우연히 접착력이 약해서 아무 쓸모가 없는 접착제를 만들었다. 그런데 1974년에 실버의 동료가 교회 성가대에서 노래를 부르다가 찬송가집의 원하는 페이지에 책갈피처럼 끼워 메모를 할 방법이 없을까 고민하다가 실버의 쓸모없는 접착제를 떠올리고는 그 용도를 찾았다!

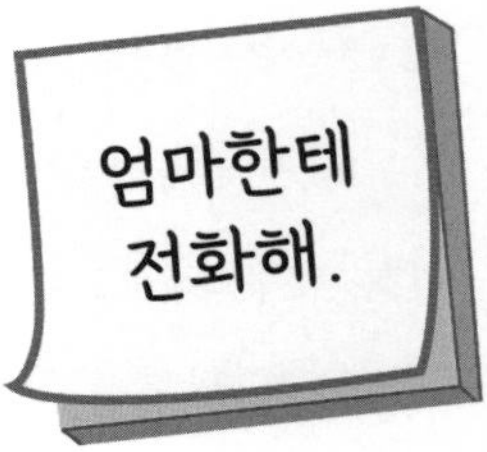

전자레인지(THE MICROWAVE)

제2차 세계 대전 때 퍼시 르배런 스펜서Percy LeBaron Spencer는 레이더에 쓰이는 관을 개선하는 방법을 연구했다. 하루는 실험이 계획대로 되지 않는 대신에 호주머니에 넣어두었던 초콜릿이 녹는 일이 일어났다. 스펜서는 결국 옥수수알을 가지고 실험을 한 끝에 동료들에게 팝콘을 제공했다. 이것은 맛있는 식품을 간편하게 조리하는 방법을 탄생시킨 사고였다!

그 밖에 우연히 발견된 발명품

경화 고무

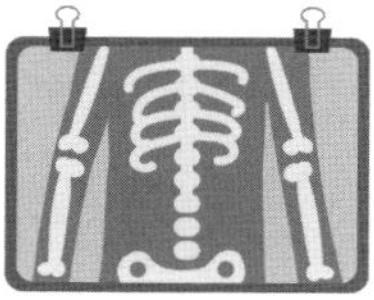

X선

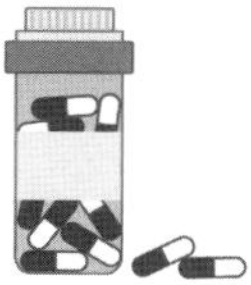

페니실린

테플론

수였고, 전혀 유익하지 않은 실수였다. 그를 위해 변명하자면, 폴링은 엄청나게 복잡한 연구에 몰두하고 있었다. 하지만 주기율표를 좀 더 신중하게 살펴보았더라면, 그 실수를 충분히 피할 수 있었을 것이다.

모양이 중요하다

간단히 말하면, 폴링은 원자들 사이의 화학 결합에 대해 알아야 할 것을 거의 다 알아냈다. 즉, 결합의 세기, 결합의 길이, 결합각을 포함해 거의 모든 것을 알아냈다. 화학은 기본적으로 원자들 사이에 결합이 생기거나 끊어지는 것을 연구하는 분야이기 때문에, 폴링은 이 분야를 거의 혼자서 현대화했다고 말할 수 있다.

이 업적을 세운 뒤에도 폴링은 기초 화학 연구를 계속했다. 그리고 왜 눈송이가 육각형인지 알아냈는데, 그 비밀은 얼음 결정의 구조가 육각형이라는 데 있었다. 그와 동시에 폴링은 원자들 사이의 단순한 결합에 대한 연구에 그치지 않고, 다른 영역으로 나아가고 싶었다. 그래서 추진한 연구 계획 중 하나가 낫적혈구빈혈이 어떻게 사람을 죽이는지 밝혀내는 것이었는데, 적혈구 세포 속의 헤모글로빈이 낫 모양으로 변형되어 산소를 제대로 붙들지 못하기 때문이라는 사실을 알아냈다. 헤모글로빈에 대한 이 연구는, 제 기능을 못 하는 분자가 질병의 원인이 될 수 있음을 밝힌 최초의 사례이며, 의사들의 사고방식을 확 바꾸어놓았다.

이 모든 사례에서 폴링이 진짜로 관심을 가졌던 것(의학에 큰 도움을 준다는 것 외에)은 작은 원자들이 자기 조직 과정을 통해 큰 구조로 바뀔 때 새로운 성질이 어떻게 기적처럼 나타나는가 하는 문제였다. 정말로 흥미로운 사실은 큰 분자가 그 분자를 이루는 원자들과는 전혀 다르게 행동할 때가 많다는 것이다. 예를 들면, 나트륨은 반응성이 아주 강한 금속이어서 물속에 넣으면 강한 열과 함께 불탄다. 염소는 독성이 강한 초록색 기체이다. 하지만 이 둘이 합쳐지면 우리가 먹는 소금이 된다.

탄소와 산소, 질소 원자가 결합해 아미노산처럼 유용한 구조를 만드는 것을 직접 보지 않고는 그 과정을 전혀 짐작조차 할 수 없는 것과 마찬가지로, 몇몇 아미노산이 합쳐져 생명체의 모든 단백질을 어떻게 만드는지는 상상조차 할 수 없을 것이다.

복잡성 면에서 볼 때 이 연구는 새로운 원소를 만드는 것보다 한 단계 더 높은 것이었다. 하지만 이러한 복잡성의 증가 때문에 오해와 실수를 저지를 위험이 훨씬 높았다. 만약 나선형 분자인 DNA 연구에서 실수만 하지 않았더라면, 폴링은 틀림없이 역사상 다섯 손가락 안에 드는 위대한 과학자로 이름을 떨쳤을 것이다.

DNA는 이미 1869년에 스위스 생물학자 프리드리히 미셔Friedrich Miescher가 발견했지만, 대다수 과학자와 마찬가지로 폴링도 1952년까지는 DNA에 별로 관심이 없었다. 그런데 DNA는 도대체 무엇일까?

그 당시 과학자들은 DNA에 대해 아는 게 거의 없었다. DNA는 기다란 가닥 형태로 존재했고, 각각의 가닥에는 인산과 당으로 된 뼈대가 있었다. 그리고 마치 가시에 달린 혹처럼 그 뼈대에서 핵염기들이 돌출해 있었다. 하지만 그러한 가닥이 어떤 모양을 하고 있는지, 그리고 그것들이 서로 어떻게 연결돼 있는지는 수수께끼로 남아 있었다. 폴링이 헤모글로빈으로 보여준 것처럼, 모양은 분자의 작용 방식에 큰 영향을 미친다. 그래서 곧 DNA의 모양을 알아내는 것이 분자생물학 분야에서 아주 중요한 문제가 되었다.

폴링은 많은 사람들과 마찬가지로 그 답을 알아낼 수 있는 사람은 자기뿐이라고 생각했다. 단지 오만해서 그런 것만은 아니었다. 폴링은 그때까지 누구에게도 뒤진 적이 없었다. 그래서 1952년에 폴링은 캘리포니아주에서 DNA의 수수께끼를 밝히기 위해 책상 앞에 앉았다. 처음에는 핵염기들이 각 가닥의 바깥쪽에 있고, 인산과 당의 뼈대가 분자 중심 쪽에 있다고 생각했는데, 이것은 틀린 생각이었다. 폴링은 또 DNA의 구조를 인산-당 뼈대가 세 가닥의 리본처럼 나선으로 감겨 있는 삼중 나선이라고 추정했다. 불행하게도 폴링은 말라붙은 DNA 시료에서 데이터를 얻었는데, 이 때문에 그 DNA 분자는 실제보다 더 복잡해 보였다. 하지만 종이 위에서 볼 때에는 이 모든 것이 아주 그럴듯해 보였다.

순풍에 돛 단 듯 일이 잘 풀리자, 폴링은 한 대학원생에게 자신의 계산 결과를 검토해보라고 했다. 그 대학원생은 계산 결과가 잘 맞지 않자, 자신이 무엇을 잘못했을까 하고 한참 고민했다. 그리고 대학원생은 폴링에게 그의 이론에서 어떤 부분이 옳지 않은 것처럼 보인다고 보고했다.

대학원생은 자신의 생각을 설명했고, 폴링은 그답게 정중하게 학생의 의견을 무시했다. 경청하지 않을 거면 애초에 뭐 하러 대학원생에게 검토를 부탁했는지 의문이 들지만, 폴링이 대학원생의 의견을 왜 묵살했는지 그 이유는 명백하다. 폴링은 과학적 발견의 우선권을 원했다. 즉, 자신이 DNA의 구조를 가장 먼저 밝혔다고 인정받고 싶었다. 그래서 1953년 초에 DNA의 세 가닥 나선 구조 모형을 서둘러 발표했다.

DNA의 모양

한편 대서양 건너편의 영국 케임브리지 대학에서 두 대학원생이 폴링의 논문을 읽고 있었다. 그 두 사람은 제임스 왓슨James Watson과 프랜시스 크릭Francis Crick이었는데, 같은 연구실에 있던 폴링의 아들 피터 폴링Peter Pauling이 그 논문을 두 사람에게 보여주었다. 무명의 두 대학원생은 훌륭한 연구 성과를 거두기 위해 DNA의 수수께끼를 푸는 데 매달리고 있었다. 폴링의 논문을 본 두 사람은 깜짝 놀랐다. 그들도 똑같은 모형을 1년 전에 만든 적이 있었기 때문이다. 하지만 다른 과학자로부터 삼중 나선 구조는 터무니없는 개념이라고 지적받자, 창피함을 느끼고 쓰레기통으로 던지고 말았던 바로 그 모형이었다.

그들에게 창피를 준 로절린드 프랭클린Rosalind Franklin은 오징어에서 추출한 축축한 DNA를 조사하고 계산한 끝에, DNA의 구조가 삼중 나선이 아니라 두 가닥의 인산-당 뼈대로 이루어진 이중 나선이라는 결과를 얻었다. 만약 폴링이 프랭클린의 훌륭한 데이터만 보았더라도 DNA의 수수께끼를 즉각 풀었을 것이다. 하지만 폴링은 정치적 이유로 여권이 무효화되는 바람에 1952년에 영국에서 열린 중요한 회의에 참석하지 못했다. 그 회의에 참석했더라면, 프랭클린의 연구를 들었을지 모른다.

왓슨과 크릭은 즉각 지도 교수인(그리고 폴링의 경쟁자였던) 윌리엄 브래그William Bragg에게 달려갔다. 브래그는 수십 년 전에 노벨상을 받았지만, 그 무렵에는 경쟁자 폴링에게 중요한 발견의 영예를 빼앗긴 것에 분통함을 느끼고 있었다. 왓슨과 크릭이 삼중 나선 구조 모형으로 창피를 당하고 난 뒤, 브래그는 두 사람에게 DNA 연구를 못 하게 했다. 그런데 두 사람이 폴링이 저지른 어처구니없는 실수를 보여주면서 비밀리에 DNA 연구를 계속해왔다고 말하자, 브래그는 폴링을 꺾을 기회가 왔다고 생각했다. 그래서 두 사람에게 당장 DNA 연구를 재개하라고 말했다.

먼저 크릭은 폴링에게 편지를 보내 그가 발견한 것을 좀 설명해 달라고 조심스럽게 요청했다. 폴링은 이 때문에 쓸데없는 계산을 하느라 많은 시간을 보냈다. 아들인 피터 폴링이 두 대학원생이 바짝 추격해오고 있다고 경고했는데도, 폴링은 여전히 자신의 삼중 나선 모형이 입증될 것이라고 주장했다. 폴링은 비록 완고하긴 하지만 결코 어리석은 사람은 아니어서 곧 자신의 잘못을 알아채리란 걸 왓슨과 크릭은 잘 알고 있었고, 그래서 묘안을 찾느라 머리를 굴렸다. 그들은 직접 실험을 한 적이 전혀 없었고, 단지 다른 사람의 실험 데이터를 가지고 해석만 했다. 그러다가 결국 1953년에 다른 과학자에게서 자신들이 원하던 단서를 얻는 데 성공했다.

그 사람은 DNA에 들어 있는 네 가지 염기(아데닌, 사이토신, 티민, 구아닌. 흔히 줄여서 간단히 A, C, T, G로 표기한다)는 둘씩 짝을 지어 같은 비율로 나타난다고 알려주었다. 다시 말해서, 어떤 DNA 시료의 구성 성분 중 36%가 A라면, T 역시 36%가 존재한다는 것이다. 이것은 늘 예외 없이 성립했다. C와 G 역시 이런 관계가 항상 성립했다. 이 사실로부터 왓슨과 크릭은 A와 T, 그리고 C와 G는 DNA 안에서 짝을 이루고 있다고 추정했다.(흥미롭게도, 그 과학자는 몇 년 전에 호화 유람선에서 폴링을 만나 같은 이야기를 한 적이 있었다. 그러나 폴링은 시끄러운 동료 과학자가 휴가를 방해한다고 여겨 그의 말을 무시했다.) 게다가 무엇보다 기적적인 것은 두 쌍의 염기가 마치 퍼즐 조각처럼 서로 딱 들어맞는다는 사실이었다. 이것은 DNA가 왜 그토록 촘촘하게 접혀 있는지 설명해주었다. 폴링이 잘못된 모형에 매달려 계속 고민하는 동안 왓슨과 크릭은 자신들의 모형을 뒤집어 비틀린 사닥다리 모양으로 만들었는데, 여기서 바로 그 유명한 이중 나선 구조가 탄생했다. 모든 것을 꼼꼼히 검토한 뒤에, 그리고 폴링이 실수를 깨닫고 되돌아오기 전에, 두 사람은 1953년 4월 25일자 〈네이처〉에 이 모형을 발표했다.

이렇게 공개적으로 창피를 당한 폴링은 어떤 반응을 보였을까? 게다가 생명의 청사진 발견이라는 생물학 분야의 세기적 발견을 놓고 벌어진 경쟁에서 브래그의 연구실에 패배한 현실을 어떻게 받아들였을까? 폴링은 놀랍도록 고결한 태도를 보여주었다. 그것은 비슷한 상황에 처했을 때 누구나 그럴 수 있었으면 하고 간절히 바랄 만한 태도였다. 폴링은 자신의 실수와 패배를 순순히 인정하고, 심지어 1953년 후반에 자신이 주최한 과학자 회의에 왓슨과 크릭을 초대함으로써 그들의 지위를 높여주었다.

폴링은 DNA의 수수께끼를 푸는 경쟁에서 패한 뒤, 그 상처를 달래주는 상을 받았다. 뒤늦게 연구 업적을 인정받아 1954년에 노벨 화학상을 수상한 것이다. 그러고 나서 폴링은 늘 그랬듯이 다시 새로운 분야에 도전했다. 고질적인 감기로 고생하던 폴링은 스스로 비타민을 과량 복용하면서 실험을 했다. 이유야 무엇이었건, 비타민은 큰 효과가 있었고, 그러자 폴링은 흥분하여 비타민의 효용을 다른 사람들에게 널리 홍보하기 시작했다. 노벨상 수상자라는 명성은 그의 주장에 무게를 실어주어 대중 사이에 비타민의 효능에 관한 신화가 널리 퍼졌는데, 거기에는 비타민 C가 감기 치료 효과가 있다는 과학적으로

이중 나선

DNA의 구조

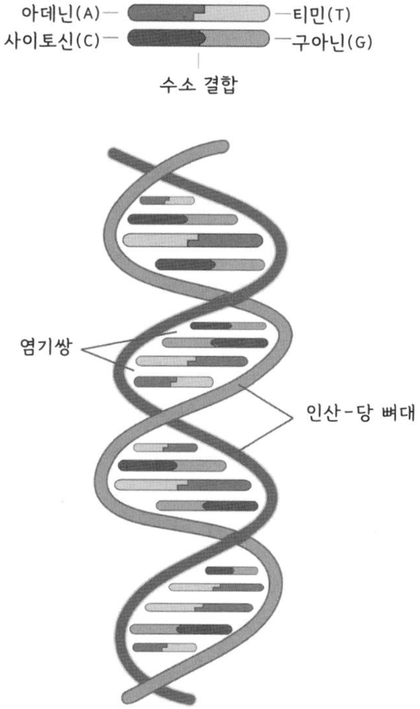

의심스러운 주장도 포함돼 있었다.

또한, 맨해튼 계획에 참여하길 거부한 폴링은 반핵 운동의 세계적 지도자가 되어 각종 시위에 참여했고, 『전쟁은 이제 그만*No More War!*』

이라는 책도 썼다. 그리고 1962년도 노벨 평화상까지 받았는데, 단독으로 노벨상을 두 번 탄 사람은 지금까지 그가 유일하다. 그해에 스톡홀름에서 열린 노벨상 시상식에서 폴링은 노벨 생리의학상 수상자인 제임스 왓슨과 프랜시스 크릭과 자리를 함께했다.(이것은 저자의 착각인 것 같다. 노벨 평화상 시상식은 노르웨이 오슬로에서 열리고, 나머지 부문은 스웨덴 스톡홀름에서 열린다. 시상식이 각각 다른 나라에서 열리는 것은 노벨상이 처음 제정될 무렵에 노르웨이와 스웨덴이 한 나라로 통합돼 있었기 때문이다. 게다가 노벨 평화상은 1962년에 수상자를 내지 않았고, 1963년에야 뒤늦게 폴링을 1962년도 수상자로 정했다. 그래서 폴링이 오슬로에 간 것은 1962년이 아니라 1963년이었다.— 옮긴이)

9장

독살자들의 복도: “아야, 아야!”

폴링은 생물학 법칙이 화학 법칙보다 훨씬 더 미묘하다는 교훈을 어렵게 배웠다. 아미노산을 ‘화학적’으로 아무리 변화시키더라도 아미노산 분자는 기본적으로 같은 분자로 남는다. 그러나 살아 있는 생물의 연약하고 복잡한 단백질은 훨씬 쉽게 손상되는데, 특히 악당 원소에 오염되면 아주 쉽게 손상된다. 악당 원소들은 생명에 필수적인 미네랄처럼 우리 몸에 필요한 원소들인 양 행동하기도 한다. 이 원소들이 매우 기발한 방법으로 생명을 갉아먹는 이야기는 주기율표의 어두운 측면을 보여준다.

독살자들의 복도, 즉 주기율표에서 독성 원소들이 모여 있는 곳에서 가장 가벼운 원소는 카드뮴(48번)이다. 일본에서는 710년부터 기후현 가미오카에 있는 광산들에서 귀금속을 채굴하기 시작했다. 그 후 수백 년 동안 가미오카의 광산들에서는 금, 납, 은(47번), 구리(29번)가 산출되었지만, 광부들이 카드뮴을 발견한 것은 그로부터 1200년이 지나서였다.

이타이이타이병

1904~1905년의 러일 전쟁과 10년 뒤에 일어난 제1차 세계 대전으로 일본은 장갑과 비행기, 탄약에 쓰기 위해 아연(30번)을 비롯해 금속이 많이 필요했다. 주기율표에서 카드뮴은 아연 바로 밑에 있으며, 두 금속은 자연에서 흔히 함께 섞여 발견된다. 가미오카에서 채굴한 아연 광석을 정제할 때에는 가열한 뒤 산과 섞어 카드뮴을 제거했다. 남은 카드뮴 찌꺼기는 그냥 하천으로 흘려보내거나 땅에다 버렸는데, 이것이 식수원으로 흘러들었다.

오늘날이라면 카드뮴을 이런 식으로 그냥 버리는 것은 상상도 못할 일이다. 카드뮴은 전지나 컴퓨터 부품의 부식을 방지하는 코팅 재료로 아주 중요하게 쓰인다. 또한 오래전부터 염료나 무두질 공정의 재료로 사용돼왔다. 20세기에 들어와서는 심지어 한때 음료수 컵을 반짝이게 도금하는 재료로 쓰기도 했다.

하지만 오늘날 카드뮴을 함부로 버리지 않는 주요 이유는 끔찍한 의학적 문제를 초래하기 때문이다. 이제 제조업체들은 컵을 도금하는 재료로 카드뮴을 쓰지 않는데, 레모네이드 같은 산성 과일 주스에 용기 벽의 카드뮴이 녹아 들어가는 바람에 매년 수백 명이 병에 걸렸기 때문이다.

이미 1912년에 의사들은 가미오카 광산 근처에서 쌀농사를 짓는 농부들이 끔찍한 신종 질병으로 고통받는다는 사실을 알아챘다. 농부들은 관절과 뼈에 심한 통증을 유발하는 질환을 앓았다. 특히 50명 중 49명이 여성일 정도로 여성 환자가 많았다. 콩팥이 제 기능을 하지 못하는 경우도 많았고, 뼈가 약해져 웬만한 하중도 견디지 못하고 부러지기 일쑤였다. 한 의사는 여자아이의 맥박을 재다가 손목을 부러뜨렸다. 이 수수께끼의 질병은 1930년대와 1940년대에 폭발적으로 증가했다. 이 질병은 이 마을에서 저 마을로 계속 퍼져갔는데, 환자들이 뱉어내는 신음 소리를 따 '이타이이타이병'('아야아야병'이라는 뜻)이라 부르게 되었다.

전쟁이 끝나고 나서 1946년에야 현지 의사 하기노 노보루萩野昇가 이타이이타이병을 연구하기 시작했다. 처음에는 영양 결핍이 원인이 아닐까 의심했다. 하지만 이를 뒷받침할 근거를 전혀 찾을 수 없자, 광산으로 초점을 옮겼다. 하기노는 공중 보건 전문가의 도움을 받아 지도 위에 이타이이타이병의 발병 장소들을 표시했다. 또 진즈강(광산들을 지나가면서 논들에 관개용수를 공급하던)이 흘러가는 경로를 표시한 지도도 만들었다. 두 지도를 겹치자 두 지도가 거의 일치했다. 현지에서 생산되는 농작물을 검사한 하기노는 쌀이 스펀지처럼 카드뮴을 빨아들였다는 사실을 발견했다.

아연은 필수 미네랄인데, 지각에서 카드뮴이 아연과 함께 섞여 있는 것처럼 우리 몸에서도 카드뮴은 아연을 대체하는 작용을 한다. 카드뮴은 또한 가끔 칼슘(둘 다 +2가 이온을 형성한다)도 대체하는데, 환자의 뼈가 약해지는 것은 이 때문이다. 카드뮴은 몸속에서 자신이 쫓아낸 아연과 칼슘(20번)의 기능을 대신하지 않으며, 일단 몸속으로 들어온 카드뮴은 쉽게 나가지 않는다. 현지 주민의 주식은 쌀이었는데, 쌀은 필수 영양소가 몇 가지 부족하기 때문에 이들의 몸속에서는 일부 필수 미네랄이 결핍된 상태였다. 카드뮴은 그런 미네랄인 것처럼 행동하기 때문에, 미네랄이 절실히 필요했던 세포들은 카드뮴을 많이 빨아들여 몸속에 카드뮴이 높은 농도로 축적되었다.

하기노는 1961년에 연구 결과를 발표했다. 법적 책임이 있는 광산 운영 회사 미츠이 금속광업은 모든 잘못을 부인했다.(미츠이는 그런 손해를 끼친 회사를 인수했을 뿐이었다.) 1972년, 일본 정부의 보건 위원회는 하기노가 제시한 압도적인 증거를 근거로 이타이이타이병의 원인이 카드뮴이라고 결정했다. 13년 뒤, 영화 고질라 시리즈 중 〈돌아온 고질라〉에서 일본 군대는 고질라를 죽이기 위해 카드뮴 탄두 미사일을 준비하는데, 이것은 일본인의 마음속에 48번 원소에 대한 공포가 얼마나 깊이 박혀 있었는지를 보여준다. 고질라를 탄생시킨 것은 수소 폭탄이었다. 따라서 카드뮴으로 핵무기가 낳은 괴물을 물리친다는 이야기는 이 원소의 이미지가 얼마나 끔찍한 것인지 보여준다.

그런데 으스스하게도 주기율표에서 독성이 가장 강한 원소는 카드뮴이 아니다. 카드뮴은 신경 독소(신경계를 공격하는 물질)인 수은 위에 자리잡고 있다. 그리고 수은 오른쪽에는 주기율표에서 가장 흉악한 범죄자들인 탈륨(81번), 납(82번), 폴로늄(84번)이 죽 늘어서 있다. 독살자들의 복도에서 최고의 흉악범들은 바로 이들이라고 말할 수 있다.

독성 원소들의 치명적인 독소

독성 원소들은 폭발성이 있는 칼륨(19번)이나 나트륨보다 훨씬 미묘하게 행동하며, 인체 내부에 깊숙이 침투한 뒤에 폭발한다. 게다가 이 원소들은 (주기율표에서 이들보다 더 아래 오른쪽에 위치한 많은 중금속 원소처럼) 상황에 따라 내놓는 전자의 개수가 달라진다. 예를 들면, 칼륨은 항상 전자 하나를 잃어 +1가인 K^+가 되는 반면, 탈륨은 전자를 1개 또는 3개 잃어 +1가인 Tl^+나 +3가인 Tl^{+3}이 될 수 있다. 그래서 탈륨은 서로 다른 여러 원소처럼 행동하면서 몸속의 많은 장소에 침투할 수 있다. 탈륨이 주기율표에서 가장 치명적인 원소로 간주되는 것은 이 때문이다.

탈륨은 동물 세포 속으로 침투할 수 있다. 일단 세포 속으로 침투한 탈륨은 단백질 내부의 주요 아미노산을 파괴해 단백질이 제 기능을 하지 못하게 한다. 그리고 탈륨은 카드뮴과 달리 뼈나 신장에 들러붙어 머무는 게 아니라 온몸을 돌아다니기 때문에, 탈륨 원자 하나가 광범위한 피해를 초래할 수 있다.

이런 이유 때문에 탈륨은 독살자가 애용하는 독으로 알려졌다. 탈륨은 많은 사람의 목숨을 앗아간 기록을 자랑하는데, CIA는 쿠바의 지도자 피델 카스트로Fidel Castro를 탈륨으로 죽이려는 계획을 세운 적이 있다. 카스트로의 양말에 탈륨이 섞인 탤컴 파우더를 뿌리기로 한 것이다. CIA 요원들은 탈륨의 독 때문에 카스트로가 그 유명한 수염뿐만 아니라 머리털까지 몽땅 빠진 모습을 상상하며 즐거워했다. 하지만 이 계획이 왜 실행에 옮겨지지 않았는지 설명해주는 기록은 없다!

탈륨과 카드뮴, 그리고 그 밖의 관련 원소들이 독성 효과가 강한 또 하나의 이유는 아주 오랫동안 남기 때문이다. 이것은 단지 카드뮴처럼 몸속에 머무는 성질만 말하는 게 아니다. 이 원소들은 산소처럼 원자핵이 아주 안정해 절대로 방사성 붕괴가 일어나지 않는다. 그래서 이들 원소는 지금도 상당히 많은 양이 지각에 남아 있다. 예를 들면, 안정한 원소 중 가장 무거운 납은 마법수인 82번 칸에 위치한다.(원자핵이 아주 안정해 방사성 붕괴를 하지 않는 원소들의 원자 번호를 마법수라고 한다. 마법수는 2, 8, 20, 28, 50, 82, 126번이다. — 옮긴이)

그리고 원자력 시대의 독성 원소인 폴로늄이 있다. 2006년 11월에 KGB 요원으로 활동하다가 영국으로 망명한 알렉산더 리트비넨코 Alexander Litvinenko(러시아어 이름은 알렉산드르 리트비넨코)가 런던의 스시 식당에서 차를 마시고 폴로늄에 중독돼 사망한 사건이 보여주듯이, 폴로늄도 탈륨처럼 머리털을 빠지게 한다.

폴로늄 다음에는(극도로 희귀한 원소인 아스타틴은 그냥 건너뛰기로 하자) 라돈이 있다. 비활성 기체인 라돈은 색과 냄새가 없고, 어떤 원소와도 반응하지 않는다. 하지만 무거운 원소인 라돈은 공기를 밀어내면서 폐 속으로 들어간 뒤, 치명적인 방사성 입자를 방출해 결국 폐암을 유발한다. 이것은 독성 원소가 우리를 죽이는 또 한 가지 방법이다.

사실, 주기율표의 아래쪽은 방사능이 지배하는 영역이다. 무거운 원소들의 유용한 성질은 대부분 어떻게 그리고 얼마나 빨리 방사성 원소로 변하느냐에 달려 있다. 이것을 잘 보여주는 사례로 위험한 원소에 집착한 한 미국인 젊은이 이야기가 있다.

방사능을 좋아한 보이 스카우트

데이비드 한David Hahn은 처음에는 『화학 실험 골든 북*The Golden Book of Chemical Experiments*』이라는 책에 영향을 받아 작은 실험을 시작했다. 하지만 얼마 지나지 않아 간단한 과학 상자 수준의 실험에서 벗어나 위험한 화학 물질을 가지고 실험을 하면서 침실 벽과 카펫을 망쳤다. 어머니는 데이비드를 지하실로 추방했다가 그다음에는 뒤뜰의 창고로 추방했는데, 데이비드는 그곳이 아주 마음에 들었다. 불행하게도 데이비드는 화학 실험에 별로 재능이 없었던 것 같다. 한번은 보이 스카우트 모임에 참석하기 직전에 가짜 무두질용 약품이 확 솟아오르면서 얼굴을 뒤덮어 피부가 온통 주황색으로 염색된 적도 있었다. 또, 칼륨이 들어 있는 용기를 무식하게 나사돌리개로 쾅쾅 찧다가 폭발 사고가 나는 바람에 안과 의사는 몇 달이 지난 뒤에도 그의 눈에서 플라스틱 파편을 계속 뽑아내야 했다. 그 후에도 사고가 끊이지 않았다.

데이비드는 원자로를 만들기 위해 '한 교수'로 행세하면서 정부 관계자들에게 편지를 보내 실험에 필요한 정보를 달라고 했다. 데이비드는 처음에 목표로 삼았던 보이 스카우트의 원자력 공로 배지를 훌쩍 뛰어넘어 '증식로'를 만들기로 결정했다. 증식로는 방사성 원소들의 적절한 배합을 통해 스스로 연료를 만드는 원자로를 말한다.

데이비드는 주말에만 이 실험을 했는데, 부모가 이혼한 뒤로는 어머니와 함께 살 수 있는 시간이 제한되었기 때문이다. 데이비드는 안전을 위해 치과 의사용 납 가운을 착용하고 실험을 했다.

데이비드의 계획에서 가장 쉬운 부분은 증식로의 연료로 쓸 토륨-232를 구하는 것이었다. 토륨 화합물은 녹는점이 아주 높아 가열하면 아주 밝은 빛이 나온다. 일반 가정용 전구에 쓰기에는 위험하지만, 산업 현장, 특히 광산에서는 토륨 램프를 많이 쓴다. 토륨 램프는 금속 필라멘트 대신에 맨틀이라 부르는 소형 철사망을 쓴다. 데이비드는 도매업자에게서 아무 질문도 받지 않고 교체용 맨틀 부품을 수백 개 구입할 수 있었다. 그런 뒤 토치램프로 지속적으로 열을 가해 맨틀을 녹여 토륨회灰로 만들었다. 그리고 철사 절단기로 전지를 열어 얻은 1000달러어치의 리튬으로 그 토륨회를 처리했다. 반응성이 높은 리튬과 토륨회를 분젠 버너 위에서 가열하여 토륨을 정제함으로써 증식로 노심에 필요한 토륨을 얻었다.

이제 우라늄-235가 필요했다. 그래서 폰티액의 계기반 위에 가이거 계수기(방사능을 감지하면 찰칵찰칵 소리가 나는 장비)를 얹고는 미시간주의 시골 지역을 이리저리 돌아다녔다. 숲 속에서 우라늄 광맥이라도 발견하길 기대했던 듯하다. 결국 데이비드는 체코 공화국의 한 공급업자로부터 우라늄광을 일부 구입했지만, 그것은 아무 쓸모 없는 보통 우라늄이었다. 즉, 우라늄-235가 아니었던 것이다.

훗날 일부 선정적인 매체들은 데이비드가 원자로를 만드는 데 거의 성공했다는 이야기를 실었지만, 실제로는 그 근처에도 가지 못했다. 데이비드는 그 과정에서 위험한 물질을 많이 만졌고, 수명이 많이 줄어들었을 것이다. 하지만 그것은 아무것도 아니다. 방사성 물질에 중독되는 방법은 아주 많지만, 방사성 물질에서 유용한 것을 얻는 방법은 아주 적다.

그런데 경찰은 데이비드의 계획을 안 다음에도 별다른 조처를 취하지 않았다. 어느 날 밤늦은 시간에 주차된 자동차를 기웃거리는 데이비드를 보고서 경찰은 타이어를 훔치려는 불량 청소년으로 여겼다. 경찰은 데이비드의 폰티액을 수색했는데, 데이비드는 친절하게 그렇지만 어리석게도 차에 방사성 물질이 가득 실려 있다고 경고했다. 경찰은 차에서 이상한 가루가 든 병들을 발견하고는 데이비드를 경찰서로 끌고 가 신문했다. 데이비드는 창고의 '뜨거운' 장비들에 대해 이야기할 정도로 어리석지는 않았다. 그것들은 이미 대부분 해체된 뒤이긴 했다. 자신의 실험이 너무 잘 진전되어 땅에 큰 구덩이가 파일까 염려한 데이비드가 취한 조치였다.

연방 기관들이 데이비드에 대한 관할권이 누구에게 있느냐를 놓고 실랑이를 벌이면서(불법적인 방법으로 원자력을 이용해 세계를 구하려고 시도한 사람은 이전에 아무도 없었으므로) 이 사건은 몇 개월을 질질 끌었다. 그 사이에 데이비드 어머니는 자기 집이 비난받을 것을 우려해 밤에 실험실로 들어가 그 안에 있던 것을 거의 다 갖다버렸다. 몇 개월 뒤, 마침내 방사능복을 입은 요원들이 와서 창고를 수색했다. 그때에도 그곳에 남은 깡통과 도구에서는 자연 방사능 수치보다 수천 배나 더 강한 방사능이 검출되었다.

방사능을 좋아한 보이 스카우트 이야기는 불행하게 끝났다. 데이비드는 몇 년 동안 조용하게 지내다가 2007년에 자신의 아파트 건물에서 연기 탐지기를 훔치려고 한 혐의로 경찰에 체포되었다. 데이비드의 전력을 감안할 때 이것은 중요한 의미가 있는 범죄였다. 연기 탐지기는 방사성 원소인 아메리슘(95번)을 이용해 작동하기 때문이다. 사실, 데이비드는 이미 보이 스카우트 시절에 하계 캠프에서 연기 탐지기를 훔치려고 한 전력이 있었다.

그의 얼굴 사진이 언론에 공개되었을 때, 얼굴에는 마치 덕지덕지 난 여드름을 벅벅 긁은 것 같은 붉은색 상처가 많았다. 그러나 31세의 남자에게 여드름이 많이 나는 경우는 드물다. 데이비드는 잠잠했던 몇 년 동안 청소년기에 그랬던 것처럼 다시 핵실험을 하면서 지냈을 가능성이 매우 높다. 화학은 또 한 번 데이비드 한을 우롱했고, 그는 주기율표에 속임수가 난무한다는 사실을 여전히 깨닫지 못했다. 이 사례는 주기율표 아랫부분에 있는 무거운 원소들은 비록 일반적인 독성이 있는 건 아니지만, 그래도 생명을 위협할 만큼 위험하다는 사실을 상기시킨다.

10장

기적의 의약품을 낳은 원소들

주기율표에는 예측하기 힘든 것이 많이 숨어 있으며, 대부분의 원소는 노골적으로 나쁜 행동을 나타내는 독성 원소들보다 훨씬 복잡한 행동을 보인다. 어떤 상황에서는 독이 되는 원소가 다른 상황에서는 생명을 구하는 약이 되기도 하는데, 원소를 기반으로 한 일부 의약품의 명성은 놀라울 정도로 먼 옛날부터 시작되었다.

은의 마법

로마군 장교들은 병사들보다 훨씬 건강했을 것이다. 왜냐하면, 은 식기를 음식물을 담는 그릇으로 사용했기 때문이다. 미국 서부 개척 시대에 대부분의 개척민은 은화를 적어도 하나 이상 갖고 다녔다. 대형 포장마차를 타고 황야를 여행할 때 우유 단지 속에 은화를 넣었는데, 은화를 안전하게 숨기려고 그런 게 아니라, 우유가 변하는 것을 막기 위해서였다. 덴마크의 유명한 귀족 천문학자 튀코 브라헤Tycho Brahe는 1564년에 검으로 결투를 벌이다가 코가 잘리자, 은으로 만든 코를 달고 다녔다고 한다. 은은 인기를 끈 사치품이었을 뿐만 아니라, 세균 감염을 막아주었다.

훗날 고고학자들이 브라헤의 시체를 파내 확인해 보았더니, 머리뼈 앞쪽이 초록색 껍질로 덮여 있었다. 이것은 브라헤가 달고 다닌 코가 은이 아니라 값싸고 가벼운 구리로 만들어졌음을 시사한다. 구리이건 은이건 둘 다 인조 코를 만드는 물질로 쓰기에 적절한데, 현대 과학에서 두 원소의 살균 효과가 확인되었기 때문이다. 구리나 은으로 만든 물체 위로 지나가는 미생물은 구리 원자를 일부 흡수하게 된다. 이 원자들은 미생물의 내부 기능을 뒤흔들어놓아 그 결과로 미생물은 몇 시간 안에 죽고 만다.

은과 구리의 차이점은 은을 섭취할 경우 피부가 파란색으로 변한다는 점이다. 그것도 영원히. 다행히 은피증銀皮症이라고 부르는 이 증상은 치명적인 것은 아니며, 신체 내부에 아무 손상도 입히지 않는다. 20세기 초에 한 남자는 매독을 치료하려고 질산은을 과량 투여했다가 서커스의 기형 인간 쇼에 '블루 맨'으로 출연하며 살아갔다.

더 최근에 몬태나주 출신의 스탠 존스Stan Jones는 피부색이 놀랍도록 파란데도 불구하고 2002년과 2006년에 미국 상원 의원 선거에 출마했다. 존스는 자신의 몸 상태에 대해 뛰어난 유머 감각을 발휘했다. 기자가 거리에서 자신을 손가락으로 가리키는 어린이와 어른을 만나면 뭐라고 말하느냐고 묻자, 그는 덤덤한 표정으로 "핼러윈 의상을 시험하고 있다고 말하죠."라고 대답했다.

존스는 어떻게 해서 은피증에 걸렸는지도 즐겁게 설명했다. 1995년에 존스는 다가오는 Y2K(Y2K는 Year 2000, 즉 2000년을 가리킨다) 컴퓨터 재앙 때문에 강박감에 사로잡혔다. 기존의 컴퓨터들은 '00'이 1900년을 나타내도록 설정돼 있어서 1999년 12월 31일 자정이 되면, 갑자기 모든 컴퓨터들의 시간이 100년 전으로 돌아갈 것으로 예상되었다. 이로 인한 Y2K 재앙이 전 세계적인 대혼란을 초래하지 않을까 하는 우려가 높았다. 어떤 사람들은 디지털 세계가 혼란에 빠지면서 비행기가 하늘에서 추락하고 문명이 붕괴할 것이라고 예언했다.

존스는 특히 항생제 부족 사태가 일어나지 않을까 불안했다. 그래서 그런 사태에 대응할 수 있도록 자신의 면역계를 미리 준비시켜야겠다고 결심하고서 뒷마당에서 은을 녹인 물을 만들었다. 2000년 1월에 Y2K 소동이 무사히 지나갈 때까지 존스는 은이 섞인 물을 꼬박 4년 반 동안 열심히 마셨다. 우려했던 재앙은 일어나지 않았지만, 존스는 그 많은 은을 섭취한 행동을 전혀 후회하지 않았다. 그리고 자신이 어떤 질병에 걸린다면, 같은 행동을 반복할 것이라고 말했다. 그는

"피부색이 자주색으로 변하는 것보다 살아남는 것이 훨씬 중요하니까요."라고 말했다.

거울상

오늘날 효과가 좋은 의약품은 대부분 단일 원소보다는 복잡한 화합물을 원료로 하여 만든다. 하지만 현대 의약품의 역사에서 예상치 못한 원소가 아주 큰 역할을 한 사례가 일부 있다. 이 이야기에는 그 이름이 다소 덜 알려진 게르하르트 도마크Gerhard Domagk 같은 영웅적인 과학자들이 등장하지만, 그 출발점이 된 것은 루이 파스퇴르Louis Pasteur와 그가 생체 분자에서 발견한 특별한 성질이다. 이 성질은 살아 있는 물질의 본질이기도 하다.

여러분은 오른손잡이일 확률이 높지만, 사실은 그렇지 않다. 여러분은 모두 왼손잡이이다. 이렇게 말하는 이유는 우리 몸의 모든 단백질에 들어 있는 아미노산이 왼손잡이이기 때문이다. 사실, 지금까지 존재한 모든 생명체의 몸을 이루는 모든 종류의 단백질은 왼손잡이이다.

1849년, 26세의 파스퇴르는 한 와인 제조업자로부터 와인 제조 과정에서 생기는 무해한 부산물인 주석산을 조사해달라는 부탁을 받았다. 포도 씨와 효모균 시체가 분해해서 생긴 주석산은 와인이 담긴 나무통 바닥에 결정의 형태로 쌓인다.

효모균에서 생긴 주석산에는 흥미로운 성질이 하나 있다. 주석산을 물에 녹여 수직 방향의 편광을 비추면, 편광면이 수직 방향에서 시계 방향(오른쪽)으로 돈다. 그것은 다이얼을 돌리는 것과 비슷하다. 그런데 공업적으로 만든 인공 주석산은 이런 성질이 전혀 없다. 수직 방향의 편광을 비춰도 편광면이 전혀 회전하지 않는다. 파스퇴르는 그 이유를 밝히는 일에 착수했다.

오른손잡이 분자와 왼손잡이 분자의 차이를 이해하고 싶다면, 자신의 손을 바라보면서 거기에 벙어리장갑을 낀다고 상상해보라. 대부분의 벙어리장갑은 어느 쪽 손에건 잘 들어맞기 때문에, 벙어리장갑은 손 방향성이 없다고 말할 수 있다. 이번에는 야구 글러브를 낀다고 상상해보라. 야구 글러브는 한쪽 손에만 들어맞는다. 즉, 야구 글러브는 오른손잡이이거나 왼손잡이이다. 일부 분자들도 이와 같은 형태로 존재한다. 그리고 여러 가지 이유로 우리 몸은 어느 한쪽 손 방향성을 선호하며, '다른' 손 방향성을 지닌 분자는 건강에 해로울 수 있다.

파스퇴르는 편광면 회전 현상이 두 가지 주석산의 화학적 구조와는 아무 관계가 없다는 결론을 얻었다. 두 물질은 화학 반응에서 정확하게 똑같이 행동했고, 분자에 포함된 원소들도 정확하게 똑같았다. 확대경으로 결정을 유심히 살피던 파스퇴르는 한 가지 차이점을 발견했다. 효모균으로 만든 주석산 결정은 모두 한쪽 방향으로 비틀어져 있었다. 마치 잘린 왼손 손목들을 모아놓은 것 같았다. 이에 반해 인공 주석산은 좌회전성과 우회전성 결정이 섞여 있었다. 즉, 왼손 손목들과 오른손 손목들이 함께 섞여 있는 것 같았다.

호기심을 느낀 파스퇴르는 무지하게 지루한 작업을 시작했는데, 핀셋으로 소금 알갱이 크기의 결정들을 일일이 좌회전성 결정과 우회전성 결정으로 분리했다. 이렇게 분리한 두 종류의 결정을 각각 물에 녹여 편광 실험을 해보았다. 예상대로 효모균으로 만든 결정은 편광면을 시계 방향으로 회전시켰고, 그 거울상인 결정은 편광면을 반시계 방향으로 회전시켰으며, 회전 각도는 둘이 똑같았다. 요컨대, 파스퇴르는 주석산에, 구조는 동일하지만 서로 거울상인 두 종류의 분자가 있음을 밝혀낸 것이다. 파스퇴르는 생체 분자가 지닌 이러한 성질을 손 방향성 또는 카이랄성chirality이라고 불렀다. 나중에 파스퇴르는 이 개념을 확장해 생명은 좌회전성과 우회전성의 분자 중 한 종류만 편애한다는 사실을 밝혀냈다.

훗날 파스퇴르는 이 연구에는 운이 따랐다고 인정했다. 주석산은 대부분의 분자와 달리 손 방향성을 관찰하기가 쉽다. 더 큰 행운은 날씨의 도움이었다. 인공 주석산을 준비할 때 파스퇴르는 그 용액을 창문턱에 올려놓고 식혔다. 주석산은 26°C 아래에서만 좌회전성과 우회전성 결정으로 분리된다. 만약 그 계절에 기온이 조금만 더 따뜻했더라면, 파스퇴르는 손 방향성을 발견할 수 없었을 것이다. 그렇지만 파스퇴르는 자신이 거둔 성공에서 행운이 차지하는 부분은 일부에 불과하다는 사실을 잘 알고 있었다. 그는 "기회는 준비된 사람에게만 찾아온다."라고 입버릇처럼 말했다.

파스퇴르는 또한 우유를 가열해 세균을 죽이는 저온 살균법도 개발했다. 저온 살균법은 프랑스어로 pasteurisation, 영어로는 pasteurization이라고 하는데, 파스퇴르의 이름을 따서 만든 단어이다. 그리고 자신이 개발한 광견병 백신으로 소년의 목숨을 구해 세간의 이목을 끌었다. 이 일로 파스퇴르는 국가적 영웅이 되었고, 그 명성 덕분에 자신의 이름이 붙은 파리의 연구소에서 병원균과 질병에 관한 혁명적 연구를 계속할 수 있었다.

실험실에서 최초로 합성한 의약품의 작용 원리를 1930년대에 밝혀낸 곳도 바로 파스퇴르연구소였는데, 파스퇴르가 세운 연구 전통이 낳은 성과라고 할 수 있다.

항생제의 탄생

1935년 12월 초, 독일 뷔페르탈의 집에서 도마크의 딸 힐데가르트가 손에 바늘을 쥔 채 계단을 걷다가 넘어지고 말았다. 손을 뚫고 들어간 바늘은 몸속에서 부러졌다. 의사가 바늘 파편을 꺼냈지만, 며칠 뒤 힐데가르트는 고열이 나고 팔 전체가 심하게 감염되어 큰 고통을 겪었다. 딸의 상태가 점점 악화되자 도마크도 걱정이 커졌는데, 그 당시에는 세균 감염으로 죽는 일이 많았기 때문이다. 일단 세균이 증식하기 시작하면, 그 기세를 꺾을 수 있는 약이 없었다.

치료약(아니, 정확하게는 치료 가능성이 있는 약)이 하나 있긴 했다. 그것은 도마크가 연구실에서 비밀리에 시험해온 빨간색 공업용 염료였다. 1932년 12월 20일, 도마크는 한 생쥐 무리에 치사량의 10배에 해당하는 연쇄상 구균을 주사하고, 또 다른 무리에도 똑같은 연쇄상 구균을 주사했다. 그리고 90분 뒤, 두 번째 무리에 공업용 염료인 프론토질을 주사했다. 도마크는 크리스마스이브에 연구실로 돌아가 생쥐들을 살펴보았다. 두 번째 무리의 생쥐들은 모두 살아 있었고, 첫 번째 무리의 생쥐들은 모두 죽어 있었다.

다소 기묘하지만 그 당시 독일 과학자들은 염료가 세균의 핵심 기관을 다른 색으로 바꿈으로써 세균을 죽인다고 믿었다. 그러나 실제 작용 원리는 아무도 몰랐는데, 이 때문에 유럽의 많은 의사들은 독일인의 '화학 요법'을 공격하면서 세균 감염을 치료하는 데에는 수술이 더 낫다고 주장했다.

심지어 도마크조차 자신이 개발한 약의 효과를 완전히 믿지 못했다. 최초의 생쥐 실험과 사람을 대상으로 한 최초의 임상 시험은 성공적이었지만, 가끔 심각한 부작용이 나타났다(사람의 피부색이 바닷가재처럼 빨갛게 변하는 것은 차치하더라도). 임상 시험에 참여한 일부 환자의 죽음은 다수의 행복을 위해 얼마든지 감수할 수 있다 하더라도, 자기 딸의 목숨이 걸려 있다면 문제가 달랐다.

이런 딜레마 속에서 도마크는 50년 전에 프랑스에서 파스퇴르가 겪은 것과 비슷한 상황에 맞닥뜨렸다는 것을 알아챘다. 그때 한 여인이 미친개에게 심하게 물려 잘 걷지도 못하는 아들을 데리고 파스퇴르를 찾아왔다. 파스퇴르는 동물에게만 임상 시험을 한 광견병 백신을 소년에게 사용했고, 소년은 극적으로 살아남았다. 파스퇴르는 정식 의사가 아니었으므로 실패하면 형사 처벌을 받을 게 뻔했지만, 그런 위험을 무릅쓰고 치료를 감행했다.

만약 이 방법이 실패한다면, 도마크는 딸을 죽였다는 죄책감에 시달릴 것이다.

하지만 힐데가르트의 상태가 점점 나빠지자, 도마크는 크리스마스이브에 본 생쥐들이 자꾸 떠올랐다. 의사가 힐데가르트의 팔을 절단해야 한다고 선언하자, 마침내 도마크는 결단을 내렸다. 모든 절차와 규정을 어기고 연구실에서 시험용 화학 물질을 훔쳐 딸에게 주사했다.

처음에는 힐데가르트의 상태가 더 악화되었다. 2주일 동안 열이 치솟았다가 떨어지길 반복했다. 그러다가 도마크가 생쥐 실험을 시작한 지 정확하게 3년째 되던 날, 갑자기 힐데가르트의 상태가 안정되었다. 그렇게 살아난 힐데가르트는 평생 동안 양 팔을 온전히 유지한 채 살아갔다.

도마크는 그 결과에 무척 기뻤지만, 임상 시험 결과에 영향을 줄까 봐 힐데가르트를 대상으로 은밀하게 진행한 실험을 동료들에게 말하지 않았다. 하지만 동료들은 힐데가르트에 관한 이야기를 듣지 않아도 도마크가 블록버스터 약(최초의 항균제)을 발견했다는 사실을 알았다. 이 약이 얼마나 획기적인 치료제인지는 아무리 강조해도 지나치지 않다. 그 당시 사람들은 평범한 감염에도 쉽게 목숨을 잃었다. 그런데 프론토질이 이런 상황을 싹 바꾸어놓았다.

프론토질의 큰 성공에도 불구하고, 그 작용 원리를 아는 사람은 아무도 없었다. 프론토질은 사람과 세균의 몸속에 있는 세균은 죽였지만, 시험관 속의 세균은 죽이지 못했다. 파스퇴르연구소 과학자들이 1935년에 프론토질의 구조를 연구하기 시작해 프론토질이 몸속에서 두 가지 분자로 쪼개진다는 사실을 발견했다. 그리고 세균을 죽이는 것은 두 가지 분자 중 하나인 술폰아미드임을 밝혀냈다.

파스퇴르연구소의 이 발견에도 불구하고, 도마크는 크리스마스의 생쥐 실험이 있은 지 7년 뒤인 1939년에 그 공로를 인정받아 노벨 생리의학상을 받았다. 하지만 호사다마라고나 할까, 예기치 못한 부작용도 있었다. 도마크가 딸의 목숨을 구해주리라고 믿었던 약이 위험한 유행으로 번졌다. 사람들은 코가 막히거나 목이 아플 때마다 그 약을 찾았고, 얼마 지나지 않아 그것을 일종의 만병통치약으로 여기게 되었다. 그런데 미국의 세일즈맨들이 돈을 쉽게 벌려고 대중의 무지와 열기에 편승해 그 약에 부동액을 섞어 팔아 끔찍한 결과를 초래했다. 몇 주일 사이에 수백 명이 사망했다.

그럼에도 불구하고, 합법적인 종류의 이 의약품들과 관련 의약품들은 지금까지 전 세계에서 수백만 명의 생명을 구했다. 그 결과로 도마크가 발견한 의약품은 의학사에서 가장 중요한 발견 중 하나로 꼽힌다.

11장

원소들의 속임수

화학이 본격적으로 시작된 지 수백 년이 지난 지금도 원소들은 계속 우리를 깜짝 놀라게 한다. 화학자들이 녹는점이나 지각 속에 들어 있는 양을 포함해 원소들의 특성을 많이 알아낸 것은 사실이다. 또, 원소들은 원자 차원에서는 충분히 예측 가능하게 행동한다. 하지만 혼란스러운 생물학과 결합하면, 원소들은 기괴한 행동을 보인다. 일상적으로 마주치는 평범한 원소조차 자연스러운 장소가 아닌 곳에서 만나면 가끔 깜짝 놀랄 만한 행동을 보인다. 원소들이 우리 몸속에서 엉뚱한 장소에 존재하면, 우리의 마음과 감각을 혼란에 빠뜨리거나 자동으로 일어나는 호흡처럼 중요한 기능을 망가뜨릴 수 있다.

NASA와 질소

1981년 3월 19일, NASA(미국 항공우주국)의 케이프커내버럴 본부에서 기술자 5명이 시뮬레이션 우주선의 엔진 위에 있는 좁은 방으로 들어갔다. 그런데 몇 초 뒤, 그들은 모두 의식을 잃고 쓰러졌다.

1967년에 아폴로 1호 우주 비행사 3명이 훈련 중에 화재가 나는 바람에 사망한 이후로 그때까지 NASA는 지상과 우주를 막론하고 인명 사고가 난 적이 없었다. 그 당시 NASA는 우주선의 중량을 줄이기 위해 우주선 안을 채우는 공기로 질소가 80%(따라서 80%의 불필요한 중량) 포함된 보통 공기 대신에 순수한 산소를 사용했다. 불행하게도 모두가 잘 알듯이, 질소가 섞이지 않은 순수한 산소는 화재 위험이 아주 크다. 일부 엔지니어는 우주 비행사의 우주복에 부착된 벨크로에서 발생하는 정전기가 순수한 산소 속에서 불을 일으키지 않을까 염려했다. 1967년의 훈련 때에도 설명할 수 없는 스파크가 일어나 시뮬레이터 안에 있던 세 우주 비행사가 목숨을 잃었다.

1981년에 컬럼비아호가 발사될 무렵, NASA는 스파크가 일어날 가능성이 있는 모든 격실에 비활성 기체인 질소(N_2)를 가득 채워넣었다. 혹시 스파크가 발생하더라도 질소가 그것을 금방 꺼지게 하므로 화재를 예방할 수 있었다. 질소가 가득 찬 격실로 들어가는 기술자는 가스 마스크를 쓰고 들어가거나, 질소를 펌프로 뽑아내고 호흡할 수 있는 공기(산소가 포함된)가 들어올 때까지 기다리기만 하면 되었다.

그런데 3월 19일에는 누군가 "이상 없음" 신호를 너무 일찍 보냈고, 기술자들은 아무 의심도 없이 격실 안으로 들어갔다. 그리고 잠시 후 모두 의식을 잃었다. 질소는 심장세포가 신선한 산소를 흡수하지 못하게 했을 뿐만 아니라, 비상시에 대비해 세포에 저장돼 있던 소량의 산소마저 빼앗아갔다. 5명 중 3명만 살아났고, 2명은 죽었다.

감각을 속이는 원소

호흡을 조절하는 호흡계 외에도 우리 몸에는 촉감과 맛과 냄새를 감지하는 감각 기관들이 있다. 우리는 감각에 의존해 주변 세계의 정보를 얻고 위험에 대비한다. 그런데 우리의 감각이 얼마나 쉽게 속아 넘어가는지 알면 섬뜩한 느낌이 들 것이다.

입 안에 있는 조기 경보 수용기는 뜨거운 수프에 혀가 데기 전에 숟가락을 내려놓게 한다. 그런데 기묘하게도 고추에 들어 있는 캡사이신capsaicin이라는 물질도 똑같은 수용기를 자극한다. 박하가 입 안을 시원하게 하는 이유는 박하에 들어 있는 멘톨이 차가움을 느끼는 수용기를 자극하여 마치 북극의 바람이라도 부는 것처럼 몸을 떨리게 하기 때문이다.

원소들도 맛과 냄새에 비슷한 효과를 낼 수 있다. 몸에 텔루륨(텔루르)을 아주 조금만 묻혀도, 몇 주일 동안 몸에서 얼얼한 마늘 냄새가 사라지지 않는다. 그 사람이 방에서 나간 지 몇 시간이 지난 뒤에도 그 사람이 그곳에 있었다는 사실을 알 수 있을 정도이다. 더욱 기묘한 것은 설탕 맛이 나는 베릴륨(4번)이다. 우리가 살아가는 데 필요한 영양소 중에서 가장 중요한 것은 에너지를 쉽게 얻을 수 있는 당류이다. 우리는 수십만 년 동안 야생에서 먹을 것을 구하면서 진화해왔으니 지금쯤이면 당류를 탐지하는 장치가 매우 정교하게 발달했을 것 같다. 그런데 베릴륨(당류 분자하고는 전혀 닮은 데가 없고, 물에도 녹지 않는 창백한 색깔의 금속)도 설탕과 똑같이 맛봉오리를 자극한다.

베릴륨의 이러한 위장은 그냥 흥미롭게 생각하고 넘어갈 수도 있다. 단, 극히 적은 양으로도 단맛을 내는 베릴륨이, 그 양이 늘어날수록 독성이 아주 빨리 증가하지만 않는다면 말이다. 일부 사람들은 급성 베릴륨 질환에 아주 민감한데, 이 질환은 주기율표의 땅콩 알레르기에 해당한다. 나머지 사람들도 베릴륨 가루에 노출되면 폐에 손상을 입을 수 있다.

우리가 베릴륨에 속는 이유 중 일부는 우리의 미각이 확실하지 않은 데 있다. 다섯 종류의 맛봉오리 중 일부는 믿을 만하다. 쓴맛을 느끼는 맛봉오리는 음식물, 특히 식물에 들어 있는 독성 질소 화합물(사과 씨에 들어 있는 사이안화물처럼)을 가려내는 데 중요한 역할을 한다. 제5의 맛이라 불리는 감칠맛을 감지하는 맛봉오리는 글루탐산에 민감한 반응을 보인다. 조미료의 주성분인 MSG(글루탐산나트륨)에서 G는 바로 글루탐산을 가리킨다. 글루탐산은 단백질을 만드는 과정을 돕기 때문에 이 맛봉오리들은 지금 우리가 단백질이 풍부한 음식물을 먹고 있음을 알려준다.

그러나 단맛과 신맛을 느끼는 맛봉오리는 잘 속아 넘어간다. 이 맛봉오리들은 베릴륨에 쉽게 속듯이 일부 장과류에 들어 있는 특별한 단백질에도 잘 속는다. 미라쿨린miraculin이라는 이 단백질은 음식물에서 다른 맛은 건드리지 않고 불쾌한 신맛을 없애주기 때문에, 미라쿨린과 함께 먹는 사과 식초는 (톡 쏘는 식초 맛은 나지 않고) 사과 주스 맛이 나고, 핫소스인 타바스코 소스는 (매운 맛은 나지 않고) 토마토 소스 맛이 난다. 분자 차원에서 볼 때 '신맛'은 산에서 나오는 수소 이온(H^+)이 열린 맛봉오리로 들어올 때 우리가 느끼는 맛이다.

짠맛을 느끼는 맛봉오리도 전하의 흐름에 영향을 받지만, 특정 원소의 전하에만 반응한다. 우리 혀에는 나트륨이 가장 강한 짠맛을 내지만, 나트륨의 화학적 사촌인 칼륨도 짠맛을 낸다. 두 원소는 자연에서 모두 전하를 띤 이온 상태(Na^+와 K^+)로 존재하는데, 혀가 감지하는 것은 대개 나트륨이나 칼륨 자체가 아니라 그 전하이다.

물론 맛은 아주 복잡하기 때문에 짠맛은 위에서 이야기한 것처럼 말끔하게 설명할 수 없다. 우리는 나트륨과 칼륨을 모방하는 이온들(예컨대 리튬 이온이나 암모늄 이온)에서도 짠맛을 느낀다. 그리고 나트륨과 칼륨이 어떤 원소와 결합하느냐에 따라 단맛이나 신맛이 날 수도 있다. 염화칼륨처럼 같은 분자인데도 농도가 낮을 때에는 쓴맛이 나다가 농도가 높아지면 짠맛이 나는 경우도 있다. 칼륨은 혀의 감각을 마비시키기도 한다. 당살초*Gymnema sylvestre* 잎에 들어 있는 김네마산 칼륨을 씹은 뒤에는 혀 위에 설탕을 올려놓아도 모래 맛이 난다.

이 모든 이야기는 맛은 원소의 정체를 파악하는 데 아주 나쁜 길잡이라는 것을 시사한다. 우리 뇌는 실험실에서 화학적 정보를 분류하거나 화학 실험을 설계하는 데에는 아주 뛰어날지 모르지만, 우리의 감각은 텔루륨에서 마늘 맛을 느끼고, 베릴륨에서 가루 설탕 맛을 느낀다. 주기율표의 원소들을 다룰 때에는 혀를 믿지 않는 게 좋다!

아이오딘의 속임수

살아 있는 몸은 아주 복잡하여, 혈액이나 간에 임의의 원소를 집어넣을 때 어떤 일이 벌어질지는 아무도 알 수 없다. 심지어 뇌도 그 영향에서 자유롭지 않다. 우리의 논리와 지혜와 판단도 아이오딘(53번, 요오드) 같은 원소에 쉽게 속아 넘어갈 수 있다.

이것은 놀라운 일이 아닐 수도 있는데, 아이오딘은 처음부터 우리를 현혹시키는 속성을 지니고 있기 때문이다. 주기율표에서 같은 가로줄에 있는 원소들은 왼쪽에서 오른쪽으로 갈수록 무거워지는데, 1860년대에 멘델레예프는 원자량이 증가하는 것은 물질의 보편 법칙이라고 말했다. 자연의 보편 법칙에는 예외가 있어서는 안 되지만, 멘델레예프는 주기율표의 오른쪽 아래 구석에 예외가 있다는 사실을 알고 있었다. 텔루륨과 아이오딘을 주기율표에서 화학적 성질이 비슷한 원소들 밑에 배치하려면 텔루륨을 아이오딘 왼쪽에 두어야 했다. 하지만 텔루륨은 아이오딘보다 무거웠는데, 화학자들이 아무리 측정해 보아도 텔루륨은 늘 아이오딘보다 무거웠다. 그것은 변하지 않는 사실이었다.

오늘날 과학자들은 92종의 천연 원소 가운데 이러한 위치 바꿈이 일어난 사례를 네 쌍 알고 있다. 그 네 쌍은 아르곤과 칼륨, 코발트와 니켈, 아이오딘과 텔루륨, 토륨과 프로트악티늄이다. 아주 무거운 인공 원소 중에도 그런 사례가 몇 쌍 있다. 그러나 멘델레예프 시대에서 100년이 지난 후, 아이오딘은 훨씬 거대한 속임수에 휘말렸다. 인도의 위대한 지도자였던 마하트마 간디Mahatma Gandhi가 아이오딘을 아주 싫어했다는 이야기가 지금까지도 10억이 넘는 인도 국민 사이에 널리 퍼져 있다.

1930년, 간디는 영국 정부가 부과한 소금세에 항의하기 위해 인도 국민을 이끌고 단디까지 가는 유명한 소금 행진에 나섰다. 인도처럼 가난한 나라에서 소금은 주민이 직접 만들 수 있는 극소수 생산품 중 하나였다. 바닷물을 모아 증발시킨 뒤 말라붙은 소금을 자루에 담아 거리에서 팔기만 하면 되었다. 영국 정부가 모든 소금에 8.2%의 세금을 매긴 것은 에스키모가 사용하는 얼음에 세금을 매기는 것이나 다름없었다.

이에 항의하기 위해 간디는 3월 12일에 78명의 지지자와 함께

380km에 이르는 행진에 나섰다. 도중에 지나가는 마을마다 사람들이 합류해 4월 6일에 목적지 해안 마을 단디에 도착했을 때에는 행렬의 길이가 3km에 이르렀다. 간디는 주위에 모인 군중과 함께 집회를 열었고, 집회가 절정에 이르렀을 때 염분을 듬뿍 함유한 진흙을 한 움큼 집어들어 "저는 이 소금으로 [대영] 제국의 기반을 뒤흔들 것입니다!"라고 외쳤다. 간디는 모든 사람에게 세금이 붙지 않은 소금을 불법적으로 만들라고 촉구했다. 그래서 17년 뒤에 인도가 독립할 무렵에는 이른바 보통 소금(주민이 바닷물로 만든 소금)은 인도에서 이름 그대로 보편적인 소금이 되었다.

그런데 한 가지 문제가 있었는데, 보통 소금에는 건강에 아주 중요한 성분인 아이오딘이 거의 들어 있지 않았다. 20세기 초에 서구 국가들은 선천성 결함이나 정신 지체를 예방하기 위해 정부가 취할 수 있는 대책 중에서 가장 값싸고 효과적인 방법이 식품에 아이오딘을 첨가하는 것이라고 생각했다. 그래서 1922년에 스위스를 시작으로 많은 국가들이 소금에 아이오딘을 첨가하도록 법으로 정했는데, 소금은 이 중요한 원소를 공급하기에 값싸고 쉬운 식품이었기 때문이다. 인도 의사들도 소금에 아이오딘을 첨가하면 인도에서 선천성 결함을 갖고 태어나는 수백만 명의 어린이를 구할 수 있다는 사실을 깨달았다.

하지만 간디의 소금 행진 이후 수십 년이 지난 뒤에도 소금은 여전히 낡은 방식으로 생산되었고, 아이오딘 첨가 소금은 널리 보급되지 않았다. 건강상의 이점이 널리 알려지고 인도가 근대화되자, 1950년대부터 1990년대까지 일부 지방 정부들은 보통 소금을 금지했다. 1998년에 인도 연방 정부가 아직도 기존 방식을 고수하던 3개 주에 보통 소금을 금지하라고 강요했지만, 큰 반발에 부닥쳤다.

가족끼리 소금을 만들던 영세 자영업자들이 아이오딘을 첨가하는 데 드는 비용을 감당할 수 없다면서 반발하고 나섰다. 심지어 어떤 사람들은 아무 근거도 없이 아이오딘 첨가 소금이 암과 당뇨병, 결핵을 퍼뜨린다고 염려했다. 반대자들의 저항이 너무 거세자, 2년 뒤에 인도 총리는 연방 정부 차원에서 보통 소금의 생산을 금지하는 조처를 철회했다.(국제연합과 인도의 모든 의사는 이 조처에 경악했다.) 그 결과로 아이오딘 첨가 소금의 소비가 전국적으로 13%나 줄어들었다. 그리고 선천성 결함 사례는 증가했다.

다행히도 철회 조처는 2005년까지만 지속되었고, 새 총리가 보통 소금을 다시 금지했다. 하지만 이것만으로는 인도의 아이오딘 문제가 완전히 해결되지 않았다. 간디의 영향력 때문에 나이 든 인도 사람들은 아이오딘 첨가 소금을 불신한다. 인도의 모든 국민이 섭취할 수 있을 만큼의 아이오딘 첨가 소금을 만드는 비용은 1년에 1인당 20원 정도밖에 들지 않지만, 운송 비용이 많이 들며, 아직도 국민 중 절반(5억 명이 넘는)은 아이오딘 첨가 소금을 일상적으로 섭취하지 못하고 있다.

4부

인간의 성격을 지닌 원소들

12장

정치적 원소들

주기율표에는 경제학, 심리학, 예술, 정치(간디와 아이오딘 이야기가 보여주듯이)를 비롯해 모든 인간 분야에서 일어난 좌절과 실패가 반영돼 있다. 주기율표에는 원소들의 과학사뿐만 아니라 사회사까지 담겨 있다. 그 역사를 살펴보기에 가장 좋은 장소는 유럽인데, 그중에서도 오늘날 폴란드라고 부르는 나라에서 그 이야기를 시작하기로 하자.

폴란드의 정치

역사상 가장 유명한 폴란드인으로 꼽히는 마리아 스쿼워도프스카 Maria Skłodowska가 1867년에 바르샤바에서 태어났을 때(멘델레예프가 주기율표를 완성할 바로 그 무렵), 폴란드라는 나라는 없었다. 4년 전에 독립을 위한 폴란드인의 봉기가 실패로 돌아가고 나서 러시아가 폴란드를 병합해버렸기 때문이다. 차르가 통치하던 러시아는 여성 교육에 후진적 견해를 갖고 있어, 폴란드에서는 여성이 대학에 입학할 수 없었다. 마리아는 과학에 큰 관심을 보였고 뛰어난 재능을 보였지만, 폴란드 독립을 추구하던 정치 단체에도 가입해 활동했다.

학생 운동에 연루되었던 마리아는 바르샤바를 떠나는 게 좋겠다고 판단해 폴란드의 또 다른 문화 중심지인 크라쿠프(그 당시 오스트리아가 지배하던 지역)로 갔다. 하지만 그곳에서도 원하던 과학 교육을 받을 수 없었다. 그래서 결국 멀리 떨어진 프랑스 파리의 소르본 대학으로 갔다. 이름도 프랑스식인 마리로 바꾸었다. 원래 계획은 박사 학위를 딴 뒤에 고국으로 돌아가는 것이었지만, 피에르 퀴리Pierre Curie를 만나 사랑에 빠지는 바람에 프랑스에 머물게 되었다.

1890년대에 마리와 피에르는 과학사 전체를 통틀어 가장 생산적인 것으로 평가받는 협력 연구를 시작했다. 그 당시 방사성 원소(원자핵이 불안정한 원소) 연구는 아주 새로운 분야였는데, 마리는 천연 원소 중 가장 무거운 우라늄을 연구해 탁월한 성과를 거두었다. 퀴리 부부는 방사능과 우라늄에 대한 연구 업적으로 1903년에 노벨 물리학상을 공동 수상했다.

프랑스에서 지내는 동안 마리는 자신이 폴란드인이라는 사실을 잊은 적이 없었다. 사실, 마리는 20세기에 그 수가 크게 불어난 종(난민 과학자 집단)에서 대표적인 인물이었다. 다른 인간 활동 분야와 마찬가지로 과학 분야에서도 온갖 정치적 행위가 난무한다. 그리고 20세기에는 정치와 제국이 과학을 어떻게 왜곡시키는지 보여주는 사례들이 넘쳐났다. 과학자들은 연구실에 처박혀 연구에만 몰두하면서 세상의 나머지 문제들은 자신들이 방정식을 처리하듯이 연구실 밖 사람들이 알아서 말끔하게 처리할 것이라고 생각했다. 하지만 그것은 오산이었다.

그 밖의 난민 과학자

- **알베르트 아인슈타인** 아인슈타인이 누구인지는 여러분도 잘 알고 있을 것이다. 하지만 미국으로 망명한 독일 출신의 유대인이라는 사실도 알고 있는지? 아인슈타인은 1933년에 미국에 도착해 유럽의 난민들을 미국으로 데려오도록 지원하는 단체의 설립을 도왔다.
- **엔리코 페르미** 페르미는 유대인 아내를 보호하기 위해 1938년에 이탈리아를 떠나 미국으로 갔고, 맨해튼 계획에 참여했다. 원자 폭탄을 만든 팀에서 일한 많은 난민 과학자 중 한 명이다.
- **리제 마이트너** 오스트리아 출신의 유대인인 마이트너는 나치의 박해를 피해 스웨덴으로 갔다. 마이트너는 핵폭탄 제조 경쟁에서 중요한 역할을 했다.(하지만 그 과정에 참여했던 많은 과학자들처럼 훗날 그 연구에 기여한 것을 후회했다.)

노벨상을 받은 지 얼마 지나지 않아 마리는 또다시 굉장한 발견을 했다. 우라늄을 정제하다가 그 '폐기물'(평소에는 그냥 버리던 물질)에서 우라늄보다 300배나 강한 방사능이 나온다는 사실을 발견한 것이다.

폐기물에 미지의 원소가 있을지도 모른다고 생각한 퀴리 부부는 우라늄광인 피치블렌드를 큰 솥에 넣고 "몸만큼이나 큰 쇠막대"로 저으면서 끓여 졸이는 작업을 시작했다. 이렇게 몇 년 동안 피치블렌드를 수천 킬로그램이나 졸인 끝에 얻은 시료는 겨우 몇 그램이었다. 하지만 얼마 안 되는 이 시료에서 새로운 원소를 '두' 가지 발견했다. 이 공로로 마리 퀴리는 1911년에 노벨 화학상을 받았다.

새로운 원소의 발견자로서 퀴리 부부는 그 원소에 이름을 붙일 권리가 있었다. 마리는 먼저 분리한 원소의 이름을 조국(정확하게는 폴란드의 라틴어명 폴로니아Polonia)의 이름을 따 폴로늄polonium으로 정했다. 그때까지 정치적 대의를 위해 이름을 붙인 원소는 하나도 없었지만, 마리는 자신의 선택이 폴란드의 독립 투쟁에 도움이 될 것이라고 생각했다. 하지만 실제로는 이 선택은 폴란드의 독립에 아무 도움도 주지 못했다.

한편, 두 번째로 발견한 원소인 라듐(88번)은 반투명한 초록빛 광채를 냈는데, 곧 라듐으로 만든 제품이 전 세계의 소비자들에게 팔려나갔다. 심지어 사람들은 안쪽을 라듐으로 코팅한 병(레비게이터라는 제품명으로 팔렸다)에 든, 라듐이 함유된 물을 건강에 좋은 강장제로 여기며 마셨다.

이렇게 되자 라듐의 명성은 폴로늄을 압도했고, 마리가 폴로늄에 기대했던 센세이션을 대신 불러일으켰다. 게다가 폴로늄은 흡연으로 인한 폐암과 연관이 있는 것으로 밝혀졌는데, 담배 식물은 폴로늄을 과도하게 흡수하여 그 잎에 농축시키기 때문이다.

마리의 딸 이렌 졸리오-퀴리Irène Joliot-Curie도 폴로늄 때문에 고통을 받았다. 이렌은 남편인 프레데리크 졸리오-퀴리Frédéric Joliot-Curie와 함께 마리의 연구를 이어받아 계속했고, 두 사람은 그 업적으로 1935년에 노벨 화학상을 받았다. 하지만 1946년의 어느 날, 이렌의 실험실에서 폴로늄 캡슐이 폭발하는 바람에 이렌은 마리가 사랑했던 그 원소를 들이마셨다. 그리고 1956년에 이렌은 22년 전에 어머니가 그랬던 것처럼 백혈병으로 눈을 감았다.

아이러니하게도 방사성 물질은 그 후에 의학적 도구로 중요하게 쓰였다. 입으로 소량 삼킨 방사성 '추적자'는 X선이 뼈를 보여주는 것처럼 내부 기관과 연한 조직을 환히 보여준다. 방사성 추적자는 오늘날 전 세계의 거의 모든 병원에서 쓰이고 있으며, 순전히 이것만 전문으로 취급하는 분야를 방사선의학이라고 부른다.

노벨상을 두 번 수상한 사람

어머니와 딸이 나란히 노벨상을 수상한 사례는 마리 퀴리와 이렌 졸리오-퀴리가 유일하다.(아버지와 아들이 노벨상을 수상한 사례는 여섯 건이다.) 마리 퀴리는 최초로 노벨상을 두 번 수상한 기록도 세웠다. 1903년에는 노벨 물리학상을 받았고, 1911년에는 노벨 화학상을 받았다. 노벨상을 두 번 받은 사람은 마리 퀴리 외에 3명밖에 없다.

- 라이너스 폴링 1954년(화학상), 1962년(평화상)
- 프레더릭 생어 1958년과 1970년(둘 다 화학상)
- 존 바딘 1956년과 1972년(둘 다 물리학상)

먹다 남은 음식과 추적자 원소

마리 퀴리가 방사능 연구로 두 번째 노벨상을 받기 직전인 1910년, 헝가리 출신의 죄르지 헤베시György Hevesy는 방사능을 연구하기 위해 영국으로 건너갔다. 맨체스터 대학의 연구실 책임자였던 어니스트 러더퍼드는 헤베시에게 엄청나게 어려운 과제를 맡겼는데, 납덩어리 속에서 방사성 원자와 비방사성 원자를 가려내는 일이었다. 사실, 그것은 엄청나게 어려운 일이 아니라 아예 불가능한 일이었다. 러더퍼드는 라듐-D라는 이름으로 알려진 방사성 원자를 독특한 물질이라고 생각했다. 그런데 사실은 라듐-D는 방사성 납이었고, 화학적 방법으로는 보통 납과 분리하는 것이 불가능했다. 이 사실을 몰랐던 헤베시는 납과 라듐-D를 분리하려고 2년 동안 애쓰다가 결국 포기했다.

대머리에다 볼살이 축 처지고 코밑수염을 기른 헝가리 귀족 출신인 헤베시는 하숙집에서도 불만을 느꼈다. 고국에서 멀리 떠나온 헤베시는 하숙집에서 나오는 영국 음식 말고 맛있는 헝가리 음식이 무척 그리웠다. 그런데 하숙집에서 나오는 음식 패턴을 유심히 관찰하던 헤베시는 먹다 남긴 음식을 다음 번 음식 재료로 쓰는 것이 아닐까 하는 의심이 들었다. 하숙집 주인이 그렇지 않다고 잡아떼자, 헤베시는 직접 증거를 찾기로 했다.

헤베시는 연구실에서 기적적인 방법을 찾아냈다. 라듐-D는 여전히 분리하지 못했지만, 그것을 자신의 하숙집 음식 문제를 해결하는 데 이용하는 방법을 생각해낸 것이다. 납을 극소량 녹인 용액을 생물의 몸속에 집어넣고 그 원소가 움직이는 경로를 추적하는 방법이었다. 생물은 몸속에서 방사성 납과 비방사성 납을 똑같이 처리하기 때문에, 라듐-D는 몸속에서 움직이면서 자신의 위치를 방사능 신호로 내보낼 것이다. 이것을 잘 이용하면, 혈관과 내부 장기 속에 있는 분자들을 아주 높은 해상도로 추적할 수 있을 것 같았다.

이 방법을 살아 있는 생물에게 시도하기 전에 살아 있지 않은 생물 조직에 먼저 시험해보기로 했는데, 물론 이 실험을 하기로 마음먹은 데에는 다른 이유가 있었다. 어느 날 저녁 식사 시간에 고기를 쟁반에 잔뜩 담아와 먹다가, 주인이 등을 돌렸을 때 그 위에 방사성 납을 뿌렸다.

주인은 언제나처럼 먹다 남은 음식을 모아 치웠다. 다음 날, 헤베시는 연구실 동료인 한스 가이거Hans Geiger에게 최신 방사능 탐지기를 빌려 집으로 가져왔다. 그리고 그날 저녁에 나온 굴라시goulash(소고기, 양파, 고추, 파프리카 등으로 만든 매운 수프. 헝가리어로 구야시Gulyás라고 한다.—옮긴이) 위에 방사능 탐지기를 갖다대자, 가이거 계수기에서 찰칵찰칵 하고 요란한 소리가 나기 시작했다. 헤베시는 이 증거를 들이대며 주인을 몰아세웠다. 하지만 낭만적인 과학자였던 헤베시는 방사능의 비밀을 설명하는 데 몰입한 나머지 주인을 심하게 닦달하진 않았을 것이다. 법의학의 최신 도구에 꼼짝없이 범행이 탄로난 주인은 그 놀라운 기술에 감탄하여 전혀 화를 내지 않았다. 그 후 하숙집 주인이 먹다 남은 음식을 재활용하는 버릇을 고쳤는지는 역사적 기록이 없어 알 수 없다.

화학과 물리학의 대립

1920년대에 화학과 물리학은 서로 싸웠고, 대부분의 과학자들은 어느 한쪽 편을 들었다. 두 분야는 갈수록 점점 그 틈이 벌어지고 있었고, 유명한 물리학자 닐스 보어Niels Bohr는 의도치 않게 화학과 물리학 사이의 균열을 더 벌려 정치적 분열로 비화하게 만들었다.

1922년에 주기율표에서 72번 원소 자리는 빈칸으로 남아 있었다. 화학자들은 57번(란타넘)부터 71번(루테튬) 사이의 원소들은 모두 희토류라고 믿었다. 하지만 72번 원소의 정체는 아무도 확실히 알지 못했다.

전하는 이야기에 따르면, 보어는 새로운 과학인 양자역학을 바탕으로 그 원소를 사냥할 계획을 세웠다고 한다. 보어는 72번 원소가 희토류가 '아니라' 전이 금속이라고 말했다. 그래서 보어는 헤베시(방사성 추적자 발견으로 이름을 알린 뒤 코펜하겐으로 온)와 물리학자 디르크 코스터르Dirk Coster에게 지르코늄(주기율표에서 72번 원소 바로 위에 위치해 72번 원소와 화학적으로 가장 가까운 것으로 생각되던 40번 원소) 시료를 자세히 조사하게 했다. 헤베시와 코스터르는 첫 번째 시도에서 72번 원소를 발견했는데, 아마도 주기율표의 역사를 통틀어 가장 손쉽게 새로운 원소를 발견한 사례일 것이다. 그들은 그 원소의 이름을 코펜하겐을 뜻하는 라틴어 하프니아Hafnia에서 따 하프늄hafnium이라고 지었다.

전하는 이야기는 이렇지만, 진실은 조금 다르다. 보어보다 앞서 이미 1895년에 72번 원소가 지르코늄 같은 전이 원소와 관련이 있다고 논문으로 주장한 사람이 적어도 3명 있었다. 보어는 이들의 연구 결과를 몰래 가로채 활용한 것으로 보인다.

하지만 대부분의 전설이 그렇듯이 중요한 것은 진실이 아니라, 사람들이 그 이야기에 보이는 반응이다. 사람들은 보어가 양자역학(즉, 물리학)만으로 하프늄을 발견했으며, 화학을 전혀 사용하지 않았다는 이야기를 믿고 싶었던 것 같다. 심지어 어떤 사람들은 이제 멘델레예프의 화학은 죽었고 보어의 물리학이 지배한다고 선언했다. 처음에 과학적 논쟁으로 시작되었던 설전이 영토와 경계선을 놓고 싸우는 정치적 분쟁으로 비화했다. 하지만 원래 과학은 바로 그런 것이고, 삶도 바로 그런 것이다.

동료 과학자들은 하프늄을 발견한 공로로 1924년에 이미 헤베시를 노벨상 수상 후보로 추천했다. 하지만 프랑스 화학자 조르주 위르뱅Georges Urbain이 하프늄을 먼저 발견했다고 주장해 분쟁이 일어났다. 대다수 과학자들은 위르뱅의 연구가 신빙성이 없다고 보았는데, 불행하게도 그 당시 유럽은 제1차 세계 대전의 후유증 때문에 아직도 분열돼 있었다. 그래서 이 분쟁은 프랑스인 대 보어와 헤베시의 대결 구도로 펼쳐졌다.(프랑스인은 덴마크인인 보어와 헝가리인인 헤베시를 둘 다 독일인으로 간주했다.) 화학자들도 화학과 물리학 양 분야에 다리를 걸치고 있던 헤베시를 신뢰하지 않았다. 정치적 논쟁 외에도 이러한 이유 때문에 노벨 위원회는 헤베시에게 노벨상을 주지 않았다. 대신에 1924년에는 노벨 화학상 수상자를 내지 않고 넘어갔다.

이러한 부당함에도 불구하고, 헤베시는 이렌 졸리오-퀴리를 포함해 다른 과학자들과 협력 관계를 계속 유지했다. 헤베시는 이렌이 저지른 큰 실수를 목격했는데, 그 실수 때문에 이렌은 20세기의 위대한 과학적 발견을 놓치고 말았다. 발견의 영예는 오스트리아 출신의 유대인 여성 리제 마이트너Lise Meitner에게 돌아갔는데, 마이트너 역시 헤베시처럼 나치의 탄압을 피해 독일을 떠났다. 불행하게도 리제 마이트너가 벌인 정치적 싸움(세속적인 것과 과학적인 것 둘 다)은 헤베시보다 더 나쁜 결말을 맞이했다.

한과 마이트너의 핵분열 연구

91번 원소가 발견되기 직전에 마이트너는 독일에서 오토 한Otto Hahn과 함께 연구를 시작했다. 91번 원소를 발견한 폴란드 화학자 카시미에시 파얀스Kazimierz Fajans(나중에 미국으로 망명했기 때문에 영어식 이름인 카시미르 파얀스Kasimir Fajans로 더 많이 알려짐—옮긴이)는 1913년에 이 원소의 원자들 중 수명이 아주 짧은 것들만 발견하고서 그 이름을 '짧다'는 뜻의 라틴어를 따 '브레븀brevium'이라 지었다. 그런데 마이트너와 한이 1917년에 91번 원소의 원자들은 실제로는 대부분 수명이 수십만 년이나 된다는 사실을 알아내자, 브레븀이라는 이름이 부적절해 보였다. 그래서 그들은 그 원소의 이름을 '악티늄의 부모'란 뜻으로 '프로트악티늄protactinium'이라 지었다. 프로트악티늄은 방사성 붕괴 과정을 거쳐 결국에는 악티늄으로 변하기 때문이다. 당연히 파얀스는 '브레븀'이라는 이름을 폐기하는 것에 반대했지만, 어쨌든 '브레븀'이란 이름은 사라지고 '프로트악티늄'이 공식 이름으로 굳어졌으며, 오늘날 마이트너와 한은 가끔 91번 원소의 공동 발견자로 인정받는다.

프로트악티늄에 관한 이야기는 이게 다가 아니다. 마이트너와 한은 계속 함께 연구했다. 한은 방사성 시료에 어떤 원소들이 들어 있는지 알아내는 화학 쪽 일을 맡았고, 마이트너는 한이 어떻게 그런 결과를 얻었는지 생각하는 물리학 쪽 일을 맡았다. 하지만 프로트악티늄에 관한 최종적인 실험 연구는 '전부 다' 마이트너가 했는데, 한은 제1차 세계 대전 때 독일군을 위해 화학전 연구에 몰두했기 때문이다. 그래도 마이트너는 한을 자기 논문의 공동 저자로 올려주었다.

전쟁이 끝난 뒤, 두 사람은 다시 공동 연구를 시작했는데, 두 세계대전 사이의 수십 년간은 독일에서 과학자로 일하기에 흥분이 넘치는 기간이었지만, 정치적으로는 매우 위험한 시기였다. 1932년에 나치가 권력을 잡고 나서도 독일인인 한은 두려워할 이유가 별로 없었다. 하지만 1933년에 히틀러가 독일에서 유대인 과학자들을 모두 추방하자, 한은 이에 항의해 교수직을 사임했다. 마이트너는 조부모에게서 유대인 피를 물려받았지만, 다가오는 위험을 과소평가하고서 핵물리학 분야의 새로운 발견들을 연구하는 데 몰두했다.

그중 가장 놀라운 발견은 1934년에 엔리코 페르미가 우라늄 원자에 원자 구성 입자를 충돌시켜 최초의 인공 초우라늄 원소를 만들었다고 발표한 사건이었다. 그것은 사실이 아니었지만, 사람들은 주기율표의 끝이 92번이 아니라는 사실에 크게 열광했다. 핵물리학 분야에서 새로운 개념들이 쏟아져 나오면서 전 세계의 과학자들이 너도 나도 연구에 뛰어들었다.

같은 해에 이렌 졸리오-퀴리도 비슷한 실험을 했다. 신중한 화학 분석 끝에 이렌은 새로운 초우라늄 원소들이 첫 번째 희토류 원소인 란타넘과 아주 비슷한 성질을 가졌다고 발표했다. 이것은 누구도 예상하지 못한 사실이었기 때문에 한은 그것을 믿으려 하지 않았다. 한은 프레데리크 졸리오-퀴리에게 초우라늄 원소가 란타넘과 비슷하다는 것은 말도 안 된다면서 이렌이 한 실험을 자신이 다시 해서 그것을 입증하겠다고 정중하게 말했다.

1938년에 유대인의 피가 흐르는 마이트너는 독일을 떠나지 않을 수 없었다. 그래서 스웨덴을 피난처로 선택했다. 한은 마이트너에게 계속 충실했고, 두 사람은 편지를 계속 주고받았으며, 심지어 코펜하겐에서 가끔 만나기도 했다. 1938년 후반에 두 사람이 만났을 때, 한은 다소 충격을 받은 표정이었다. 이렌 졸리오-퀴리가 한 실험을 다시 해본 한은 이렌이 보고한 원소들을 발견했다. 그 원소들은 란타넘(그리고 바로 그 옆에 있는 원소인 바륨)과 비슷한 행동을 보였을 뿐만 아니라, 알려진 모든 화학 분석 결과에 따르면 그것들은 분명히 란타넘과 바륨(56번)이었다. 한은 큰 혼란에 빠졌다.

마이트너는 전혀 혼란스러워하지 않았다. 그 당시 초우라늄 원소를 연구하던 과학자들 중에서 페르미가 발견한 것이 새로운 원소들이 아니라, 핵분열 반응이었다는 사실을 안 사람은 오직 마이트너뿐이었다.(마이트너는 새로운 연구 협력자가 된 자신의 조카 오토 프리슈Otto Frisch와 대화를 나눈 뒤에 이 사실을 깨달았다.) 페르미는 우라늄을 더 작은 원소들로 쪼개는 데 성공했지만, 그 결과를 잘못 해석했던 것이다. 결국 이렌이 발견했다고 주장한 새 원소 에카란타넘은 그냥 란타넘이었다! 훗날 헤베시는 이렌이 상상하기 힘든 그 발견에 아주 가까이 다가갔음을 알았다. 그러나 이렌은 "자신을 충분히 믿지 않아" 자신이 본 것을 믿지 못했다고 헤베시는 말했다. 마이트너는 자신을 믿었으며, 한에게 다른 사람들의 생각이 모두 틀렸다고 말했다.

당연히 한은 이 놀라운 결과를 논문으로 발표하려 했다. 그러나 마이트너와 협력했다는 사실은 정치적으로 큰 문제가 될 수 있었다. 선택 가능한 방법을 놓고 논의한 끝에 마이트너는 핵심 논문에 한과 그의 조수 이름만 올리는 데 순순히 동의했다. 마이트너와 프리슈가 기여한 부분, 즉 이 모든 것을 이론적으로 제대로 설명한 것은 나중에 다른 학술지에 따로 발표되었다.

노벨 위원회는 1943년에 핵분열 반응을 발견한 사람에게 상을 수여하기로 결정했다. 누구를 수상자로 결정하느냐가 문제였는데, 오토 한이 당연한 후보로 보였다. 하지만 스웨덴은 전쟁으로 인해 고립돼 있었기 때문에, 노벨 위원회는 과학자들과의 면담을 통해 마이트너가 기여한 부분에 대한 정보를 얻을 길이 없었다. 그래서 노벨 위원회는 과학 학술지에 의존할 수밖에 없었는데, 그마저 몇 달 뒤에 도착하거나 아예 도착하지 않았고, 그중 많은 것(특히 명성 높은 독일의 학술지들)에는 마이트너의 이름이 아예 없었다. 또한, 화학과 물리학의 틈이 점점 벌어진 상황 때문에 양 분야에 걸친 연구는 그 가치를 제대로 인정받기가 어려웠다.

한의 지지자들은 마이트너가 지난 몇 년 동안 '아주 중요한' 연구를 전혀 하지 않았다고 지적했다.(그야 히틀러를 피해 도망다니느라 당연히 그럴 수밖에 없었다.) 노벨 위원회에서 마이트너를 가장 강하게 지지한 사람은 공동 수상을 주장했는데, 거의 공동 수상 쪽으로 일이 진행되다가 갑자기 그 사람이 죽는 바람에 결국 1944년도 노벨 화학상은 한에게만 주기로 결정되었다.

부끄럽게도 한은 수상자 선정 소식을 듣고도 마이트너의 기여를 인정하는 발언을 전혀 하지 않았다. 결국 마이트너는 아무것도 얻지 못했는데, 소용돌이치던 정치의 희생양이 된 셈이다.

물론 노벨 위원회는 역사 기록을 통해 마이트너의 공헌이 분명히 밝혀진 1946년이나 그 이후에 이 잘못을 바로잡을 수 있었다. 하지만 노벨 위원회는 실수를 좀처럼 인정하지 않는 경향이 있다. 마이트너는 평생 동안 반복적으로 후보자로 추천되었지만, 결국 상을 받지 못하고 1968년에 세상을 떠났다.

다행히도 역사에서는 흥미로운 방식으로 그런 잘못을 바로잡는 일이 일어난다. 105번 원소의 이름은 처음에는 글렌 시보그와 앨버트 기오르소를 비롯해 여러 사람의 주장으로 오토 한의 이름을 따 '하늄'으로 정해졌다. 하지만 이름을 지을 권리를 놓고 분쟁이 벌어지자, 국제 위원회는 1997년에 하늄이라는 이름을 폐기하고 대신에 더브늄으로 정했다. 원소 이름을 짓는 독특한 규칙 때문에(기본적으로 어떤 이름을 원소에 붙일 기회는 단 한 번만 주어진다) 하늄이란 이름은 미래에도 새 원소의 이름이 될 가능성이 없다. 한이 얻은 것은 노벨상뿐이다. 하지만 마이트너는 매년 수상되는 노벨상보다 훨씬 더 고귀한 영예를 얻었는데, 109번 원소의 이름이 마이트너륨으로 정해진 것이다. 원소의 이름을 통해 마이트너의 이름은 영원히 남게 되었다.

13장

돈으로 쓰이는 원소들

주기율표의 역사는 정치와 얽힌 부분이 많지만, 주기율표와 돈의 관계는 그보다 더 오래되었고 더 긴밀하다. 많은 금속 원소의 이야기는 돈의 역사와 얽혀 있으며, 따라서 위조 화폐의 역사와도 얽혀 있다. 시대와 장소에 따라 소, 향신료, 돌고래 이빨, 소금, 카카오콩, 담배, 딱정벌레 다리, 튤립 등이 돈으로 사용되었는데, 이것들은 모두 위조하기가 쉽지 않았다. 반면에 금속은 위조하기가 쉽다. 특히 전이 금속 원소들은 전자 구조가 비슷해 화학적 성질과 밀도가 비슷하며, 서로 잘 섞이기 때문에 합금을 만들 때 다른 물질 대신에 쓸 수도 있다.

기원전 700년경에 미다스Midas라는 이름의 왕자가 오늘날의 터키 지역에 있던 프리기아 왕국을 물려받았다. 미다스는 가끔 주석을 발견한 사람으로 이야기되며(주석이 그의 왕국에서 채굴되긴 했지만 이것은 사실이 아니다), 또 다른 광물도 여럿 발견했다고 전하지만, 그의 손에 닿는 것은 모두 금으로 변한다는 전설이 없었더라면 오늘날 그를 기억하는 사람은 거의 없을 것이다. 어느 날 밤, 미다스는 술에 취해 자신의 장미 정원에서 의식을 잃은 실레노스Silenos(그리스 신화에서 디오니소스를 추종하는 반인반수 종족. 보통은 늙은 사티로스를 실레노스라고 부르기도 한다.—옮긴이)를 도와주었다. 실레노스가 그에 대한 보답으로 소원을 하나 들어주겠다고 하자, 미다스는 자기 손에 닿는 것은 모두 금으로 변하게 해달라고 부탁했다. 기적의 능력을 지니게 된 미다스의 기쁨은 오래 가지 않았다. 사랑하는 딸을 안았더니 금으로 변하고 말았고, 음식도 손을 대자마자 금으로 변하는 바람에 굶어죽을 뻔했다.

실존한 미다스왕에게 이런 일이 일어났을 리는 없다. 하지만 미다스가 이러한 전설적인 명성을 얻게 된 데에는 그럴 만한 이유가 있다는 증거가 발견되었다. 이야기의 발단은 청동기 시대로 거슬러 올라가는데, 이 시대는 기원전 3000년경에 프리기아 왕국과 그 주변 지역에서 시작되었다. 주석과 구리의 합금인 청동을 만드는 기술은 그 당시로서는 첨단 기술이었다. 하지만 '청동'을 이야기할 때에는 좀 더 구체적으로 말할 필요가 있다. 청동은 수소 원자 2개와 산소 원자 1개의 결합으로 이루어진 물과는 아주 다르다. 혼합된 금속의 종류와 비율이 제각각인 많은 종류의 합금을 모두 뭉뚱그려 청동이라고 부르기 때문이다. 그래서 고대 세계의 청동은 주석과 구리 그리고 기타 원소의 비율에 따라 색이 제각각 다르다.

프리기아 부근 지역의 금속 광상은 광석에 아연이 많이 섞여 있는 특징이 있었다. 아연과 주석 광석은 자연에서 서로 섞여 있는 경우가 많으며, 한 금속을 다른 것으로 오해하는 일이 흔하다. 흥미로운 사실은 구리와 아연을 섞으면 청동이 되는 게 아니라, 황동이 된다는 점이다. 그리고 최초로 황동을 만들던 장소가 미다스가 통치한 소아시아 지역에서 발견되었다.

내가 무슨 이야기를 하려는지 이제 감이 오는가? 청동 제품과 황동 제품을 찾아 서로 비교해보라. 청동은 광채가 나지만 불그스름한 구릿빛이 강하다. 그러니 청동을 다른 것으로 오해할 일은 없다. 반면에 황동의 광채는 금과 비슷하다. 따라서 손만 닿으면 금으로 변했다는 미다스의 전설은 그 왕국의 땅에 우연히 많이 포함되었던 아연 때문에 생겨났을 수 있다. 그리스인 여행자들은 자신들의 청동보다 훨씬 밝은 광채가 나는 프리기아의 '청동'이 무척 마음에 들었을 것이다. 이들이 고향에 전한 이야기는 세월이 흐를수록 점점 부풀려져 마침내 금빛 광채가 나는 황동이 진짜 금으로 둔갑했고, 손만 닿으면 무엇이든 귀금속으로 변화시키는 초자연적 능력을 지닌 미다스왕의 전설이 생겨났을 것이다.

위조 화폐

미다스의 황동은 의도하지 않은 속임수였다. 반면에 역사에서 의도적으로 일어난 화폐 위조 사례는 아주 많다. 미다스 시대에서 약 100년이 지난 후, 소아시아의 리디아에서 최초의 진짜 화폐가 만들어졌는데, 금과 은의 천연 합금인 호박금琥珀金으로 만든 동전이었다. 얼마 후 고대 세계에서 전설적인 부로 유명한 리디아의 크로이소스Kroisos 왕이 호박금을 분리해 금화와 은화를 만드는 방법을 생각해냈고, 이를 통해 실질적인 화폐 제도를 확립했다. 그로부터 몇 년 뒤인 기원전 540년, 그리스에 속한 사모스섬의 폴리크라테스Polykrates왕은 납덩어리에 금박을 입힌 것을 뇌물로 써서 공격해온 스파르타군을 매수했다. 그 뒤로 위조범들은 술에 물을 섞는 것처럼 납, 구리, 주석, 철 같은 원소를 섞어 진짜 돈의 가치를 조금 더 늘리려고 시도했다.

금속 동전의 화학적 성질은 한때 위폐범에게 이점이 되었지만, 지폐 시대에는 유로퓸(63번) 같은 금속의 독특한 화학적 성질이 위조 지폐를 막는 데 큰 도움을 준다. 그러한 특징은 유로퓸의 화학적 성질, 특히 원자 내 전자들의 움직임에서 비롯된다.

지금까지 우리는 원자들 사이의 전자 이동에 대해서 이야기했는데, 전자들은 마치 태양 주위를 도는 행성처럼 늘 원자핵 주위를 돌고 있다. 하지만 전자는 원자핵 주위에서 아무 경로로나 움직이는 것이 아니다. 전자는 각자 정해진 에너지 준위에 해당하는 특정 경로로

전자의 행동을 바꾸는 에너지

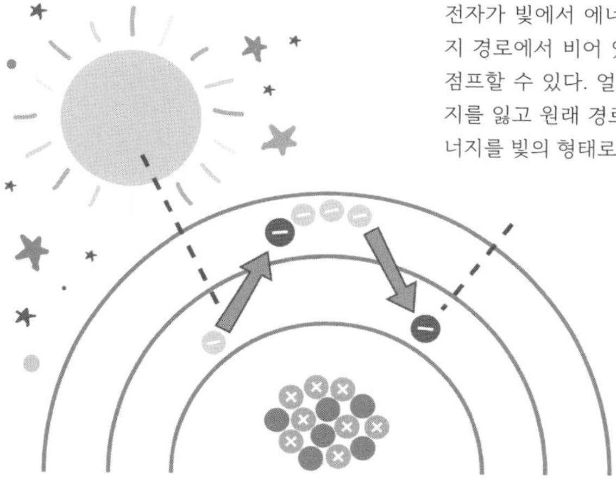

전자가 빛에서 에너지를 얻으면, 낮은 에너지 경로에서 비어 있는 높은 에너지 경로로 점프할 수 있다. 얼마 후, 전자는 얻은 에너지를 잃고 원래 경로로 추락하는데, 이때 에너지를 빛의 형태로 방출한다.

만 움직일 수 있다. 첫 번째 경로와 두 번째 경로 사이에는 전자가 지나갈 수 있는 에너지 준위가 전혀 존재하지 않고, 첫 번째 경로와 세 번째 경로 사이에도 그런 에너지 준위가 존재하지 않으며, 나머지도 마찬가지이다. 그래서 전자는 '태양'에서 일정 거리에 떨어져 있는 궤도들만 돌 수 있다. 전자는 기묘한 형태와 기묘한 각도로 궤도를 돌지만, 항상 원자핵으로부터 일정한 거리에 있는 궤도들만 돈다.

하지만 전자는 열이나 빛을 받아 에너지가 높아지면, 낮은 에너지 경로에서 비어 있는 높은 에너지 경로로 점프할 수 있다. 안타깝게도 그 전자는 높은 에너지 상태에서 오래 머물지 못하고, 얼마 후 원래의 경로로 추락한다. 추락할 때 전자는 앞서 점프할 때 얻은 에너지를 내놓는데, 이것이 빛의 형태로 방출된다.

이때 방출되는 빛의 색은 두 에너지 준위의 에너지 차이에 따라 달라진다. 간격이 아주 좁은 두 에너지 준위 사이에서 추락이 일어나면 에너지가 낮은 불그스름한 색의 빛이 나오는 반면, 간격이 넓은 두 에너지 준위 사이에서 추락이 일어나면 에너지가 높은 보라색 빛이 나온다. 원자 속에서 전자가 방출하는 빛은 늘 특정 파장의 순수한 색들로 이루어져 있다. 각 원소의 전자껍질들은 에너지 준위가 제각각 다르기 때문에, 각 원소가 방출하는 빛은 원소마다 고유한 색띠를 이룬다. 로베르트 분젠이 자신의 버너와 분광기로 관찰했던 색띠가 바로 이것이다.

유로퓸도 위에 설명한 방식으로 빛을 방출하지만, 그다지 잘 방출하지는 않는다. 하지만 유로퓸과 그 형제 원소들인 란타넘족 원소들은 형광이라는 방식으로 빛을 방출할 수 있다. 정상적인 빛의 방출은 전자 때문에 일어나지만, 형광에는 전체 분자가 관여한다. 형광을 일으키는 분자는 높은 에너지의 빛(자외선)을 흡수했다가 낮은 에너지의 빛(가시광선)으로 방출한다. 유로퓸은 자신을 포함한 분자의 종류에 따라 빨간색이나 초록색 또는 파란색 빛을 방출한다.

유럽연합(EU)은 유로화 지폐를 인쇄하는 잉크 성분에 유로퓸을 사용한다. 유럽연합 재무부 소속 화학자들은 그 잉크를 만들 때 형광

염료에 유로퓸 이온을 섞는다. 유로퓸은 가시광선 아래에서는 그냥 단조로운 색으로 보인다. 그래서 위폐범은 완벽한 위조 지폐를 만들었다고 생각할 수 있다. 그러나 유로에 특별한 레이저를 비추면 유럽 지도가 초록색으로 빛나며 나타난다. 별들은 노란색이나 빨간색으로 변하고, 기념물이나 서명, 숨겨진 문장紋章이 짙은 보라색으로 빛난다. 전문가는 단순히 이런 특징들을 살펴보는 것만으로 위조 지폐를 판별할 수 있다.

각각의 유로화 지폐에는 사실은 두 개의 유로화가 들어 있다. 첫 번째 유로화는 우리가 일상적으로 보는 그 모습이고, 그 위에 겹쳐서 집어넣은 두 번째 유로화가 숨어 있는데, 이것은 암호를 숨겨놓은 것과 같다. 전문적인 훈련을 받지 않은 사람이 이 효과를 위조하기는 극히 어렵다. 유로퓸이 섞인 염료는 유로화를 지금까지 고안된 지폐 중 가장 정교한 것으로 만들었다. 물론 그렇다고 해서 유로화를 위조하려는 시도가 없었던 것은 아니다. 사람들이 현금을 좋아하는 한 그런 시도는 영원히 사라지지 않을 것이다. 그리고 주기율표에서 그런 시도를 차단하는 방법을 찾아내려는 노력 덕분에 유로퓸은 가장 귀중한 금속 원소 중 한 자리를 차지하게 되었다.

한때 금보다 귀했던 알루미늄

우리가 실제로 살 수 있는 금속 원소 중에서 무게로 따질 때 가장 비싼 것은 로듐(45번)이다. 1979년, 『기네스북』이 비틀즈의 멤버였던 폴 매카트니Paul McCartney가 역사상 가장 많은 앨범 판매 기록을 세운 일을 축하하려고 플래티넘 음반(100만 장 이상 팔린 음반을 나타내는) 대신에 로듐으로 만든 음반을 선물한 것도 바로 이 때문이었다. 하지만 주기율표의 원소로 단기간에 가장 많은 돈을 번 사람은 미국 화학자 찰스 홀Charles Hall이다. 그는 알루미늄(13번)으로 그 많은 돈을 벌었다.

알루미늄은 그 광택 때문에 한때 은이나 백금(78번) 같은 귀금속으로 분류되었으며, 1온스(약 28.35g)당 수백 달러가 나갔다. 19세기 중엽에 한 프랑스인이 알루미늄을 대량 추출하는 방법을 발견하여 알루미늄을 상업적으로 이용할 수 있는 길을 열었다. 하지만 비용이 많이 들었고, 알루미늄은 여전히 금보다 비쌌다. 알루미늄은 지각에 가장 풍부하게 존재하는 금속이지만(무게로 따질 때 약 8%를 차지해 금보다 수억 배나 많다), 순수한 형태로 산출되지 않는다. 알루미늄은 항상 다른 원소(대개 산소)와 결합된 형태로 산출된다. 그래서 순수한 알루미늄 시료는 경이로운 물질로 간주되었다.

프랑스인은 한때 대관식용 보석류 옆에 알루미늄 막대를 전시했고, 나폴레옹 3세 황제는 특별한 손님에게만 알루미늄 나이프와 포크를 내놓았다.(덜 중요한 손님에게는 금으로 된 나이프와 포크를 내놓았다.)

미국에서는 정부에서 일하던 공학자들이 1884년에 워싱턴 기념탑을 세울 때 미국의 산업 기술을 과시하기 위해 꼭대기에 무게 2.7kg의 알루미늄 피라미드를 씌웠다.

알루미늄이 세계에서 가장 귀중한 금속으로 군림한 60년간은 영광스러운 시기였으나, 얼마 후 한 미국 화학자가 그 영광을 와르르 무너뜨렸다. 가볍고 강하고 매력적인 알루미늄의 성질과 지각에 풍부하게 존재한다는 사실 때문에, 많은 사람이 순수한 알루미늄을 효율적으로 추출하는 방법을 찾으려고 노력했다. 하지만 알루미늄과 결합한 산소를 손쉽게 떼어내는 방법은 아무도 찾지 못했다. 그런데 오하이오주의 오벌린 대학을 다니던 찰스 홀Charles Hall이라는 학생이 마침내 그 방법을 찾아냈다.

홀은 오벌린 대학에서 학부 과정을 밟는 동안 줄곧 알루미늄을 분리하는 연구에 매달렸다. 수없는 실패를 거듭했지만, 실패할 때마다 조금씩 진전이 있었다. 그러다가 1886년에 알루미늄 화합물이 녹아 있는 액체에 전지(아직 전력망으로 전기를 공급하지 않던 시절이었다)를 사용해 전류를 흘렸다. 전류의 에너지가 알루미늄 화합물을 순수한 알루미늄과 산소로 분리시켰고, 알루미늄은 은빛으로 빛나는 작은 덩어리들이 되어 용기 바닥에 쌓였다. 이 과정은 값싸고 손쉬웠으며, 실험실의 작은 용기뿐만 아니라 공장의 큰 용기에서도 그대로 사용할 수 있었다. 오랜 세월 동안 많은 화학자들이 그토록 찾길 원했던 화학의 비밀을 홀이 찾아낸 것이다. 그때, 그의 나이는 겨우 스물세

살이었다.

하지만 홀이 당장 큰돈을 번 것은 아니었다. 프랑스에서도 폴 에루Paul Héroult라는 화학자가 비슷한 시기에 거의 같은 과정을 발견했다.(오늘날에는 두 사람 다 이 방법을 발견했다고 인정하며, 전기 분해를 이용해 알루미늄을 분리하는 이 방법을 홀-에루법이라 부른다.) 1887년에 한 오스트리아인이 다른 분리 방법을 발견하여 경쟁이 점점 치열해지자, 홀은 재빨리 피츠버그에 회사를 세웠는데, 이 회사가 성장하여 알코아Alcoa(미국 알루미늄 회사)가 되었다. 이것은 역사상 가장 큰 성공을 거둔 벤처 사업 중 하나였다.

알코아의 알루미늄 생산량은 믿기 힘들 정도로 빠르게 늘어났다. 1888년의 처음 몇 달 동안 알코아는 알루미늄을 하루에 약 22kg 생산했는데, 20년 뒤에는 수요를 맞추기 위해 하루에 4만 kg을 생산했다. 생산량이 치솟자 가격이 폭락했다. 홀이 태어나기 전에 어떤 사람이 획기적인 기술을 발견해 알루미늄 가격이 7년 사이에 1파운드(약 450g)당 550달러에서 18달러로 떨어졌는데, 50년 뒤에 홀의 회사는 그 가격을 파운드당 25센트로 곤두박질치게 했다. 1914년에 사망할 때 홀이 보유한 알코아 주식의 가치는 3000만 달러(현재 가치로는 약 6억 5000만 달러)에 이르렀다.

홀 덕분에 알루미늄은 음료수 캔, 아마추어 야구용 배트, 비행기 등에 두루 쓰이는 아주 보편적인 금속이 되었다. 알루미늄은 세상에서 가장 귀중한 금속이던 시절과 가장 많이 생산되는 금속이 된 시절

중 어느 쪽이 더 좋을까? 그 답은 각자의 취향에 따라 다를 것이다.

그런데 나는 이 책에서 '알루미늄'이란 단어를 쓸 때 미국식 영어 단어인 aluminum 대신에 국제적으로 널리 쓰이는 aluminium을 사용했다. 두 단어의 차이는 19세기 초에 생겨났다. 원래의 철자는 그 무렵에 발견된 바륨barium, 마그네슘magnesium, 나트륨natrium(영어로는 sodium), 스트론튬strontium(38번)과 일관성을 유지하기 위해 어미에 '-ium'이 붙어 있었다. 찰스 홀도 전기 분해를 이용한 알루미늄 분리 과정의 특허를 신청할 때 i가 포함된 단어를 사용했다. 그러나 반짝이는 자신의 금속을 선전할 때, 홀은 철자에 세심한 주의를 기울이지 않았다. i를 생략한 것이 의도한 것이었는지 아니면 광고 문안을 작성하다 생긴 우연한 실수였는지를 놓고 논쟁이 벌어지고 있지만, 홀은 'aluminum'이란 단어가 훌륭한 신조어라고 생각했는데, 귀금속인 백금platinum과 어감이 비슷했기 때문이다. 그가 생산한 새로운 금속은 금방 크게 유행하면서 경제적으로도 아주 중요해져 'aluminum'은 미국인의 단어로 굳어졌다. 늘 그랬듯이 미국에서는 돈이 최고니까.

14장

예술적인 원소들

과학이 발전하면서 점점 복잡해짐에 따라 과학 연구에 비용이 많이 들자, 이제 어떤 과학 연구를 해야 할지 말아야 할지, 심지어 언제, 어떻게 해야 할지까지 거대 자본이 좌우하게 되었다.

물론 18세기와 19세기에도 작은 작업실을 마련해 과학 연구를 할 여력이 있었던 사람은 극소수(대부분 부유한 상류층에 속한)였다. 새로운 원소를 발견한 사람들이 대부분 상류층에서 나온 것은 우연이 아니다. 다른 사람들은 미지의 암석이 어떤 물질로 이루어져 있는지 여유 있게 생각할 시간이나 돈이 없었다.

과거에 유럽의 부유층은 고전 교육(그리스어와 라틴어)을 집중적으로 받았는데, 많은 원소 이름(세륨, 토륨, 프로메튬 등)이 고대 신화와 관련이 있는 이유는 이 때문이다. 프라세오디뮴(59번)이나 몰리브데넘(42번), 디스프로슘(66번)처럼 좀 괴상해 보이는 이름들도 라틴어와 그리스어를 합쳐 만든 것이다. 디스프로슘dysprosium은 '접근하기 어려운'이라는 뜻의 그리스어 dysprositos를 바탕으로 지은 이름으로, 형제 원소들로부터 분리하기가 매우 어려웠기 때문에 이런 이름이 붙었다. 프라세오디뮴praseodymium은 비슷한 이유로 '초록색 쌍둥이'란 뜻이다.(그 짝인 쌍둥이 원소 네오디뮴neodymium은 '새로운 쌍둥이'란 뜻이다.) 비활성 기체 원소들의 이름은 대부분 '기묘한' 또는 '반응성이 없는'이란 뜻을 지니고 있다.

오늘날의 관점에서 보면 과학자가 과학보다는 라틴어와 그리스어를 더 많이 공부했다는 사실이 아주 이상해 보일 수 있지만, 수백 년 동안 과학은 전문적인 직업이 아니라 아마추어들이 취미로 하던 일이었다. 과학이 아직 엄밀한 수학을 기반으로 하지 않던 시절이었고, 아무라도 자신을 과학자로 내세우기가 쉬웠다. 과학이나 수학 교육을 별로 받지 않았더라도, 귀족이라면 자격이 있건 없건 과학적 토론에 당당하게 참여할 수 있었다.

그런 귀족 중에 『파우스트*Faust*』란 작품으로 유명한 독일 작가 요한 볼프강 폰 괴테Johann Wolfgang von Goethe가 있다. 아직도 많은 사람들은 그를 지금까지 살았던 독일인 중 가장 위대하고 가장 큰 업적을 남긴 인물로 평가한다. 괴테의 과학 이론들은 과학보다는 시에 많이 의존했지만, 그래도 그는 과학 전반에(그리고 주기율표에) 길이 남을 기여를 하나 했다.

되베라이너의 세 쌍 원소

1809년, 바이마르 공국의 재상이던 괴테는 예나 대학의 화학 교수를 새로 임명해야 했다. 친구들로부터 여러 사람을 추천받은 괴테는 선견지명이 있었던지 자신과 처음 두 이름이 같은 요한 볼프강 되베라이너Johann Wolfgang Döbereiner를 선택했다.

되베라이너가 과학에 남긴 가장 큰 업적은 희귀한 원소 중 하나인 스트론튬에서 얻은 영감이 그 계기가 되었다. 스트론튬은 1790년에 런던의 한 병원 실험실에서 두 의사가 발견했다. 그들은 그 원소의 이름을 해당 광물이 산출된 지역(스코틀랜드의 광산촌인 스트론티안)의 이름을 따 스트론튬이라 지었다. 되베라이너는 20년 뒤에 스트론튬을 연구하기 시작했다. 되베라이너는 원소들의 무게를 정확하게 재는 방법을 찾으려고 노력했는데, 희귀한 새 원소 스트론튬은 좋은 도전 과제였다. 그는 괴테의 격려를 받고서 새로운 금속 원소의 특징을 조사하기 시작했다.

그런데 스트론튬의 무게를 점점 더 정밀하게 측정하던 되베라이너는 이상하면서도 아주 흥미로운 사실을 발견했다. 스트론튬의 무게는 정확하게 칼슘과 바륨의 중간에 위치했다. 게다가 화학 반응에서 나타나는 화학적 성질도 칼슘, 바륨과 비슷했다. 스트론튬은 더 가벼운 원소와 더 무거운 두 원소를 섞어놓은 것 같았다.

큰 호기심을 느낀 되베라이너는 더 많은 원소들의 무게를 정확하게 재면서 이러한 '세 쌍 원소triad'가 또 없는지 찾아보았다. 그 결과로 염소-브로민-아이오딘, 황-셀레늄-텔루륨을 비롯해 세 쌍 원소를 여러 개 찾았다. 이들 세 쌍 원소에서는 가운데 있는 원소의 무게가 화학적으로 사촌인 나머지 두 원소의 중간에 해당했다. 이것이 우연의 일치일 리 없다고 확신한 되베라이너는 이 원소들을 주기율표에서 같은 세로줄 기둥에 들어가는 집단으로 묶기 시작했다. 실제로 50년 뒤에 최초의 주기율표를 만든 화학자들은 바로 이 되베라이너의 기둥들을 출발점으로 삼았다.

되베라이너의 연구가 있고 나서 멘델레예프가 나타나기까지 50년 동안 주기율표가 전혀 만들어지지 않은 이유는 세 쌍 원소에 대한 연구가 엉뚱한 방향으로 흘러갔기 때문이다. 화학자들은 스트론튬과 그 이웃 원소들을 물질들을 조직하는 보편적 방법으로 사용하는 대신에, 모든 곳에서 세 쌍 원소의 개념이 적용되는 사례를 찾으려고 노력하다가 길을 잃고 말았다. 그럼에도 불구하고, 되베라이너 덕분에 스트론튬은 더 큰 보편적인 원소들의 체계에서 그 위치를 정확하게 찾은 최초의 원소가 되었다. 물론 처음에 이 개념에 대한 믿음이 없었거나 그 후에 괴테의 후원이 없었더라면, 되베라이너는 이 모든 것을 절대로 생각해내지 못했을 것이다.

따라서 괴테는 자신이 직접 한 과학 연구에서는 별다른 성과를 거두지 못했지만, 그의 글은 과학이 숭고하다는 사실을 널리 퍼뜨리는 데 도움을 주었으며, 그의 후원에 힘입어 화학자들은 주기율표의 발견을 향해 나아갈 수 있었다. 그런 공로를 감안한다면, 괴테는 과학사에서 최소한 명예직을 한자리 받을 자격이 충분하며, 괴테도 이에 만족할 것이다.

마크 트웨인의 라듐

주기율표에 영향을 미친 위대한 작가는 괴테뿐만이 아니다. 또 한 사람은 미국의 위대한 작가 마크 트웨인Mark Twain이다. 괴테와 마찬가지로 트웨인도 과학적 발견에 큰 매력을 느꼈다. 트웨인은 발명과 기술, 반이상향, 우주여행과 시간 여행에 관한 단편 소설을 썼고, 심지어 「악마에게 팔리다Sold to Satan」란 제목의 흥미로운 단편 소설에서는 주기율표의 위험까지 다루었다.

약 2000단어 길이의 이 소설은 1904년 무렵에 경제 위기가 발생한 직후가 시대 배경이다. 주인공은 궁핍한 상황에 지쳐 자신의 영혼을 악마에게 팔기로 결정한다. 이 이야기가 주기율표와 무슨 관계가 있을까? 이 소설에서는 악마의 몸이 순전히 라듐으로 만들어진 것으로 나온다!

트웨인이 이 소설을 쓰기 6년 전에 마리 퀴리는 방사성 원소에 관한 이야기로 과학계를 발칵 뒤집어놓았다. 그것은 진짜 뉴스였지만, 트웨인은 「악마에게 팔리다」에 나오는 세부 사실을 정확하게 알기 위해 과학적 사실을 자세히 조사한 게 분명하다. 라듐의 방사능은 주변의 공기를 이온화시켜 전기를 띠게 하므로, 악마는 초록색 광채를 내 주인공을 놀라게 한다. 또 라듐은 따뜻한 피를 가진 암석처럼 항상 주변 환경보다 뜨거운데, 뿜어져 나오는 방사능에 가열되기 때문이다. 라듐의 몸을 가진 악마는 자신과 만나는 사람이 타 죽지 않도록 폴로늄(이 역시 퀴리가 발견한 원소)으로 만든 보호 외투를 입는다.

과학적으로 엄밀히 따지면, 이 이야기는 엉터리이다. "젤라틴 막만큼 얇고 투명한" 폴로늄 껍질로는 임계 질량에 도달한 라듐에서 나오는 열을 결코 차단할 수 없다. 하지만 이 점은 눈감아주기로 하자. 왜냐하면, 작품에서 폴로늄은 더 극적인 목적으로 쓰이기 때문이다. 악마는 "만약 내가 피부를 벗어던진다면, 세상은 불덩어리와 연기가 되어 사라질 것이고, 사라진 달의 잔해가 회색 재가 되어 우주 공간을 통해 눈처럼 쏟아질 것이다!"라고 위협하는데, 그 근거를 바로 폴로늄이 제공한다.

하지만 트웨인은 악마가 이기도록 내버려둘 수 없었다. 내부에 갇힌 라듐의 열이 너무 강렬하여, 악마는 이내 "나는 활활 타고 있고, 속에서 큰 고통을 겪고 있다."라고 털어놓는다. 하지만 농담을 제외하고 본다면, 트웨인은 이미 1904년에 원자력의 가공할 위력에 두려움을 느꼈다는 걸 알 수 있다. 만약 그가 40년만 더 오래 살았더라면, 사람들이 풍부한 원자력 대신에 핵미사일을 추구하는 걸 보고 고개를 절레절레 저었을 것이다(실망한 표정으로, 하지만 별로 놀랍지 않다는 표정으로).

트웨인의 이야기는 주기율표의 아래쪽 영역과 새로운 원소들을 일부 다룬다. 하지만 예술가와 원소에 관한 이야기 중에서 가장 슬프고 가혹한 것을 꼽으라면, 시인 로버트 로웰Robert Lowell이 주기율표 꼭대기 부분에 위치한 가장 오래된 원소 중 하나를 가지고 벌인 모험을 들 수 있다.

로웰의 리튬

로버트 로웰은 전형적인 '미친 예술가'였다. 왜냐하면, 대부분의 사람들은 그런 천재성을 예술적 목적으로 이용하는 것은 말할 것도 없고 아예 접근조차 할 수 없는 정신 영역에서 그 천재성이 분출되었기 때문이다. 불행하게도 로웰은 시詩의 영역 밖에서는 자신의 광기를 억제하지 못해 현실 생활에서 미친 듯한 행동을 자주 보였다. 한번은 자신이 성모 마리아라고 믿고서 친구 집 현관에서 열변을 토했다. 또, 인디애나주 블루밍턴에서 예수처럼 양 팔을 벌리면 도로를 질주하는 차들을 멈출 수 있다고 믿고서 그렇게 행동한 적도 있다. 자신이 가르치던 수업 시간에는 말도 안 되는 소리를 주절거리거나 학생들의 시를 고루한 문체로 고쳐쓰면서 시간을 낭비했다. 19세에는 약혼자를 버리고 보스턴에서 차를 몰고 테네시주에 사는 어느 시인의 집까지 달려갔는데, 그 시인이 자신의 스승이 될 것이라 믿고서 벌인 행동이었다. 로웰은 그 시인이 자신을 당연히 집에 재워줄 것이라고 생각했다. 그러나 시인은 정중하게 그 여관에는 빈 방이 없다고 설명하고는, 농담으로 만약 그래도 정 머물고 싶다면 잔디밭에서 야영을 하라고 말했다. 로웰은 고개를 끄덕이고 나서 떠났는데, 곧장 시어스(미국의 유통업체 — 옮긴이)로 향했다. 그리고 그곳에서 소형 텐트를 사가지고 돌아와 잔디밭 위에 텐트를 세웠다.

사람들은 이런 이야기를 좋아했고, 1950년대와 1960년대에 로웰은 미국에서 가장 유명한 시인이 되어 많은 상을 탔으며, 그의 책은 수만 권이나 팔렸다. 사람들은 로웰의 기행을 미친 예술가의 영감이 광기를 띤 형태로 분출된 것이라고 생각했다. 하지만 사실은 로웰은 뇌에서 일어난 화학 물질의 불균형 때문에 양극성 기분 장애(조울증)를 앓고 있었다. 일반 대중은 그에게서 야성적인 남자의 모습만 보고 그의 끔찍한 정신 상태는 보지 못했다. 그것은 그의 삶 전체에 나쁜 영향을 끼쳤다. 다행히도 1967년에 최초의 진정한 화학적 기분 안정제인 리튬이 미국에 도입되었다. 절박한 처지에 몰린 로웰(그는 정신병동에 갇혀 있었다)은 새로운 약을 시험해보기로 동의했다.

리튬은 평소에는 몸속에서 아무 기능도 하지 않는다. 리튬은 철이나 마그네슘 같은 필수 미네랄 성분도 아니며, 크로뮴(24번, 크롬) 같은 미량 원소도 아니다. 사실, 순수한 리튬은 반응성이 아주 강한 금속이다.(물속에 넣으면 불이 붙는다.) 리튬(약으로 쓰이는 것은 염의 형태인

탄산리튬이다)이 약으로 작용하는 방식은 우리가 흔히 생각하는 약과도 다르다. 리튬은 조울증을 '치료'하지 않는다. 다만, 조울증 증상이 나타나지 않도록 예방할 뿐이다.

리튬은 뇌에서 기분을 변화시키는 많은 화학 물질에 영향을 미치는데, 그 효과는 복잡하다. 무엇보다 흥미로운 것은 리튬이 신체의 일주기 리듬, 즉 생체 시계를 재설정하는 것처럼 보인다는 점이다. 화학적으로 균형 잡힌 보통 사람은 기분과 하루 일과 종료 시간이 주변 환경, 그중에서도 특히 햇빛에 큰 영향을 받는다. 보통 사람들은 24시간을 주기로 하루를 살아간다. 그러나 양극성 기분 장애가 있는 사람은 태양과 아무 상관 없는 일주기 리듬으로 살아가며, 지칠 줄 모르고 활동한다. 기분이 좋을 때면 뇌에 행복감을 주는 신경 전달 물질이 많이 분비되며, 햇빛이 부족해도 분비가 멈추지 않는다. 그런 사람들은 잠도 별로 자지 않으며, 자신감이 과도하게 넘친다. 그러다가 결국 뇌에서 신경 전달 물질 분비가 멈추면, 기분이 나락으로 떨어진다. 심한 양극성 기분 장애 환자의 경우, 몇 주일 동안 계속 누워 지내기도 한다.

리튬은 생체 시계를 제어하는 단백질을 조절한다. 리튬은 '햇빛과 반대되는' 작용으로 생체 시계를 정상적인 24시간 주기로 재설정한다. 그럼으로써 조증과 울증을 막는다.

로웰은 리튬 처방에 즉각 반응을 보였다. 개인적 삶은 점점 안정적으로 변했으며, 한번은 스스로 완치되었다고 선언하기까지 했다. 안정을 찾은 새 관점에서 그는 이전의 삶이 얼마나 파괴적이었는지 깨달았다. 로웰의 시들에는 온갖 감동적인 구절이 넘치지만, 그가 쓴 글 중에서 가장 심금을 울린 것은 의사에게서 리튬을 처방받은 뒤 담당 편집자 로버트 지루Robert Giroux에게 보낸 메모였다.

거기서 그는 이렇게 말했다. "이보게 로버트, 내가 겪은 그 모든 고통, 그리고 내가 다른 사람에게 준 그 모든 고통이 내 뇌에 작은 염이 부족한 것에서 비롯되었다는 사실은 생각만 해도 끔찍하기 짝이 없네."

로웰은 리튬 덕분에 삶이 좀 나아졌다고 느꼈지만, 리튬이 그의 글에 미친 효과는 논란의 대상이 되었다. 많은 예술가는 리튬을 복용하고 나서 마음이 평온해졌다고 보고했다. 로웰의 시는 1967년 이후에 눈에 띄게 변했다. 격렬한 마음에서 시구를 창조해내는 대신에 다른 사람들의 개인적 서신에 쓰인 구절을 표절하기 시작하여 당사자를 분노케 했다.

그런 작품으로 로웰은 1974년에 퓰리처상을 탔지만, 오늘날 그 작품은 젊은 시절의 작품에 비해 거의 읽히지 않으며, 아주 훌륭한 작품으로 간주되지도 않는다. 주기율표는 괴테와 트웨인을 비롯해 여러 사람에게 영감을 주었지만, 로웰의 리튬은 건강을 준 대신에 예술을 손상시키고, 광기어린 천재를 평범한 인간으로 만들었는지도 모른다.

15장

광기의 원소

로버트 로웰이 미친 예술가였다면, 미친 과학자는 어떨까? 주기율표에 미친 과학자들은 병적 과학이라는 특별한 종류의 광기에 사로잡혔다. 병적 과학은 평소에 합리적이고 논리적이던 과학자가 무슨 이유에서인지 매우 믿기 힘든 현상에 푹 빠져, 모든 과학 지식과 재주를 동원해 그것을 증명하려고 하는 특별한 종류의 광기이다. 무엇보다 흥미로운 것은 그러한 광기가 동일한 마음속에서 탁월한 지성과 함께 나란히 존재한다는 점이다.

1832년에 런던에서 태어난 윌리엄 크룩스William Crookes는 이 책에 등장하는 나머지 과학자들과 달리 대학에서 일한 적이 전혀 없다. 16남매의 맏이로 태어난 크룩스는 나중에 동생 10명을 아버지처럼 부양했는데, 다이아몬드에 관한 인기 있는 책을 쓰고, 과학계의 소식을 흥미 위주로 전하는 잡지인 〈케미컬 뉴스*Chemical News*〉를 편집하는 일을 하면서 대가족을 먹여 살렸다. 그러면서도 셀레늄과 탈륨 같은 원소에 관한 세계적 수준의 과학 연구를 하여 1863년에 불과 31세의 나이로 영국에서 가장 명망 높은 과학자 클럽인 왕립학회 회원이 되었다.

그런데 10년 뒤, 그는 하마터면 왕립학회에서 쫓겨날 뻔했다.

그의 추락은 동생 필립이 바다에서 죽은 1867년에 시작되었다. 윌리엄과 나머지 형제들은 슬픔을 이기지 못해 거의 미칠 지경이었다. 슬픔을 달래기 위해 크룩스는 그 당시 널리 유행하던 강신술에 빠졌다.

강신술과 셀레늄

강신술에 대한 믿음 때문에 크룩스는 왕립학회의 동료 과학자들 사이에서 소수파(필시 구성원이 한 명뿐인)가 되고 말았다. 크룩스도 이를 염려하여 자신의 믿음을 숨기고 있다가 1870년에 강신술을 과학적으로 연구할 계획을 세웠다고 발표했다. 그 말을 듣고 왕립학회 회원들은 대부분 기뻐했는데, 크룩스가 자신이 발행하는 과학 학술지를 통해 강신술의 허구를 낱낱이 밝히리라고 기대했기 때문이다.

하지만 일은 그들의 기대와는 딴판으로 흘러갔다. 크룩스는

1874년에 「영적이라 부르는 현상에 대한 조사 보고서」를 자신이 소유한 〈계간 과학 저널*Quarterly Journal of Science*〉에 발표했다. 크룩스는 강신술사의 속임수—'공중 부양', '유령', '탁탁 치는 소리', '빛으로 이루어진 존재', '탁자와 의자가 지면에서 떠오르는 것' 등—를 공격하는 대신에 '진짜' 초자연적 힘이 있다고 결론 내렸다.

이 주장을 다른 사람도 아닌 크룩스가 했다는 사실 때문에 강신술사들을 비롯해 모든 영국 사람들이 깜짝 놀랐다. 왕립학회 동료들도 놀랐지만, 놀라움보다 실망이 더 컸다. 그들은 크룩스가 카리스마 넘치는 강신술사의 속임수에 눈이 멀었다고 주장했다. 그리고 크룩스의 보고서에 적힌 의심스러운 자료를 공격했다. 일부 과학자들은 지금까지도 크룩스의 죄를 용서하지 않으며, 심지어 크룩스가 원소 연구를 한 것을 지적하면서 그가 미쳤다고 주장한다. 왜일까?

이전에 크룩스는 셀레늄을 자세히 연구한 적이 있었다. 셀레늄은 모든 동물에게 필수 미량 원소이지만, 많이 섭취하면 독성이 나타난다. 축산업자들은 이 사실을 잘 안다. 감시를 소홀히 하면 가끔 소가 초원에 자라는 로코초locoweed라는 콩과 식물을 뜯어먹는데, 로코초는 흙 속에서 셀레늄을 잘 흡수하는 성질이 있다. 로코초를 먹은 소는 비틀거리다가 쓰러지며, 고열과 종기, 식욕 부진 등의 증상(모두 셀레늄 중독 증상)이 나타난다. 셀레늄이 소를 미치게 만든다는 것을 확실하게 보여주는 징후는 소가 그 무서운 부작용에도 불구하고 로코초에 중독되어 다른 것은 일절 먹으려고 하지 않는다는 것이다. 따라서 셀레늄이란 이름이 그리스어로 '달'을 뜻하는 셀레네selene에서 유래한 것은 적절해 보이는데, 셀레네는 라틴어로 '달'을 뜻하는 루나luna를 거쳐 '미치광이'라는 뜻의 루너틱lunatic, '정신 이상' 또는 '미친 짓'이라는 뜻의 루너시lunacy라는 영어 단어를 낳았다.

셀레늄의 독성을 고려할 때, 크룩스가 셀레늄 때문에 미친 게 아닌가 하고 충분히 의심할 수 있지만, 이를 반박하는 사실들도 있다. 셀레늄은 대개 일 주일 이내에 독성이 나타난다. 하지만 크룩스는 셀레늄 연구를 그만두고 나서도 한참이 지난 중년 초기에 엉뚱한 짓을 하기 시작했다. 게다가 오늘날 많은 생화학자들은 소의 광기와 중독에는 셀레늄 못지않게 로코초에 들어 있는 다른 물질들도 큰 역할을 한다고 본다. 마지막 결정적 단서는 크룩스의 수염이 빠진 적이 없다는 사실이다. 수염이 빠지는 것은 셀레늄 중독의 대표적인 증상이다.

턱수염이 온전하게 남아 있었다는 것은 크룩스가 주기율표에서 또 다른 독성 원소인 탈륨(독살자가 애용하는 독) 때문에 미친 것도 아님을 시사한다. 크룩스는 26세에 탈륨을 발견했고(이 발견 덕분에 왕립학회 회원으로 선출될 수 있었다), 약 10년 동안 실험실에서 탈륨을 가지고 연구를 계속했다. 하지만 수염이 빠질 만큼 탈륨을 충분히 많이 흡입하지는 않은 게 분명하다. 크룩스는 1874년 이후에는 강신술을 멀리하면서 다시 과학에 전념해 중요한 발견들을 했다. 동위원소의 존재를 맨 처음 주장한 사람이 크룩스였다. 또, 새로운 과학 장비를 만들었고, 암석 속에도 헬륨이 존재한다는 사실을 확인함으로써 지구에서 처음으로 헬륨을 발견했다. 1897년에 기사 작위를 받은 크룩스는 방사능 연구에 몰두했고, 1900년에 91번 원소인 프로트악티늄을 발견했다(정작 자신은 그 사실을 알아채지 못했지만).

따라서 크룩스가 강신술에 빠진 이유는 셀레늄이나 탈륨 때문에 미쳐서 그런 게 아니라, 동생의 죽음으로 큰 슬픔에 잠긴 나머지 병적 과학에 탐닉했다고 보는 게 타당하다.

상어 이빨

병적 과학은 연구자의 조심성에 올라타 활개를 친다. 병적 과학을 신봉하는 사람은 기본적으로 증거의 모호성을 증거로 내세우는데, 과학자들이 모든 것을 다 아는 것은 아니므로 자신의 가설이 옳을 가능성도 있다고 주장하면서 그렇게 한다. 망가니즈(25번, 망간)와 메갈로돈에 관한 사례를 살펴보자.

이야기는 1873년에 영국 해군 소속의 연구선 챌린저호가 태평양 탐사를 위해 영국에서 출항하면서 시작된다. 승무원들은 놀라울 정도로 낮은 수준의 기술을 사용했는데, 길이 5km의 밧줄에 거대한 물통을 매달아 바다 밑으로 내려보내 해저 바닥의 물질을 끌어올렸다. 환상적인 물고기와 갖가지 동물 외에 둥근 암석도 잔뜩 올라왔는데, 그중에는 화석화된 감자처럼 생긴 것도 있었고, 단단한 아이스크림콘처럼 생긴 것도 있었다. 대부분 망가니즈로 이루어진 이 덩어리들은 조사한 모든 해저 바닥에서 올라왔다. 따라서 전 세계의 해저 바닥에는 셀 수 없이 많은 망가니즈 단괴가 널려 있는 게 분명했다.

이것만 해도 놀라운 일이었는데, 아이스크림콘처럼 생긴 암석을 쪼갰을 때 더 놀라운 일이 일어났다. 거대한 상어 이빨 주위에 망가니즈가 들러붙어 있었던 것이다! 오늘날의 상어 이빨은 가장 큰 것이 6.3cm 정도 된다. 그런데 망가니즈로 덮인 상어 이빨은 길이가 12.5cm 이상이나 되었다. 이런 이빨이라면 도끼처럼 뼈를 부술 수 있을 것이다. 고생물학자들은 공룡 화석을 분석하는 것과 같은 방법을 사용해, 메갈로돈megalodon이라 이름 붙인 이 거대 상어는 몸길이가 15m, 몸무게가 약 50톤이었고 시속 약 80km로 헤엄쳤을 것이라고 추정했다(겨우 이빨만으로!). 메갈로돈은 250개의 이빨이 줄지어 늘어선 아가리를 1메가톤의 힘으로 콱 닫을 수 있었고, 얕은 열대 바다에서 주로 원시적인 고래들을 잡아먹고 살았다. 메갈로돈은 먹잇감이 더 춥고 더 깊은 바다 쪽으로 영구히 이동하는 바람에 멸종한 것으로 보이는데, 그것은 왕성한 대사와 게걸스러운 식욕을 가진 메갈로돈에게는 감당하기 힘든 환경 변화였다.

여기까지는 과학적으로 큰 문제가 없다. 병적 과학은 바로 망가니즈 때문에 시작되었다. 해저 바닥에 상어 이빨이 널려 있는 것은 그것이 알려진 생물 물질 중에서 가장 단단한 편에 속하고, 상어 시체(상어는 대부분 골격이 연골로 이루어져 있다) 중에서 깊은 해저의 큰 수

압을 견뎌내고 남을 수 있는 것은 이빨뿐이기 때문이다. 바닷물에 녹아 있는 많은 금속 중에서 왜 망가니즈가 상어 이빨에 들러붙었는지 그 이유는 확실히 알 수 없지만, 과학자들은 망가니즈가 이빨에 얼마나 빨리 들러붙는지 대충 안다. 망가니즈는 1000년에 0.5~1.5mm 정도 쌓인다. 이것을 바탕으로 계산한 끝에 과학자들은 해저 바닥에서 수집한 상어 이빨들이 대부분 최소한 150만 년 전에 생겼다는 사실을 알아냈는데, 이것은 메갈로돈도 그때쯤 멸종했음을 뜻한다.

하지만 일부 메갈로돈 이빨에 들러붙은 망가니즈는 기묘하게도 약 1만 1000년 동안 쌓인 것에 불과할 만큼 아주 얇았다. 일부 사람들이 모순처럼 보이는 이 사실을 물고 늘어졌다. 진화적으로 볼 때 이것은 너무나도 짧은 시간이다. 또, 1만 년 전, 아니 8000년 전, 혹은 그보다 더 이른 시기의 이빨이 발견되지 말란 법이 있는가?

이제 이 주장이 어떤 결론으로 치달을지 감이 올 것이다. 1960년대에 〈쥐라기 공원〉류의 상상에 열광한 일부 사람들은 무시무시한 메갈로돈이 지금도 바닷속 어딘가에 숨어 있다고 확신했다. 그들은 "메갈로돈은 아직도 살아 있다!"라고 외쳤다. UFO나 51구역에 관한 소문처럼 이 전설은 결코 수그러들지 않았다. 가장 널리 알려진 이야기에 따르면, 메갈로돈이 심해 잠수 동물로 진화해 칠흑같이 어두운 심해에서 크라켄과 싸우며 살아간다고 한다. 이들은 메갈로돈이 크룩스의 유령처럼 우리 눈에 잘 띄지 않는다고 생각했다. 그토록 거대한 상어가 오늘날 잘 보이지 않는 이유를 물으면, 이들은 바로 이 설명을 대면서 빠져나간다.

메갈로돈이 아직도 깊은 바닷속에서 배회하고 있었으면 하고 내심 바라지 않는 사람은 아무도 없을 것이다. 그러나 안타깝게도 자세히 들여다보면, 이들의 논리는 와르르 무너지고 만다. 무엇보다도 망가니즈가 얇게 붙어 있는 이빨들은 대부분 해저 바닥 아래의 오래된 기반암(이곳에서는 망가니즈는 침전이 일어나지 않는다)에서 떨어져 나와 바닷물에 노출된 지 얼마 안 된 것들이다. 이 이빨들은 필시 1만 1000년보다 더 오래되었을 것이다. 그리고 메갈로돈을 보았다는 목격담도 있지만, 그것들은 모두 이야기를 잘 지어내는 걸로 악명 높은 뱃사람들에게서 나온 것이며, 그들의 이야기에 등장하는 메갈로돈은 크기와 모양이 모두 제각각이다. 모비 딕처럼 온몸이 새하얀 한 상어는 길이가 90m나 되었다고 한다!(그런데도 아무도 사진을 찍을 생각을 하지 않았다는 게 이상하지 않은가?) 전체적으로 볼 때 이러한 이야기들은 크룩스의 초자연적 존재에 대한 증언과 마찬가지로 주관적 해석에 따라 달라지며, 객관적 증거가 없는 한 메갈로돈이 단 몇 마리라도 진화의 덫을 피해 살아남았다고 결론 내리는 것은 합리적이지 않다.

그러나 계속되는 메갈로돈 추적이 병적으로 치닫는 이유는 주류 과학계에서 의심을 제기할수록 오히려 그 사람들은 자신들이 옳다고 확신하기 때문이다. 그들은 망가니즈의 진실을 논박하는 대신에 과거에 정통 과학자들의 생각이 틀렸음을 증명한 반항아들의 영웅적 이야기로 반격한다. 이들이 전가의 보도처럼 꺼내는 사례는 실러캔스이다. 이 원시적인 심해어는 8000만 년 전에 멸종한 것으로 생각되었지만, 1938년에 남아프리카 공화국 어시장에 그 모습을 드러냈다. 이 논리에 따르면, 과학자들은 실러캔스 사례에서 틀렸으니 메갈로돈 사례에서도 틀릴 수 있다. 메갈로돈에 푹 빠진 사람들에게는 '틀릴 수 있다' 정도면 충분하다. 메갈로돈 생존 가설은 압도적인 증거에 기반을 둔 것이 아니라, 감정적 애착, 즉 어떤 환상적인 것이 사실이기를 간절히 바라는 기대와 필요에 기반을 두고 있다.

뢴트겐선

물론 광기가 약간 있는 과학자라고 해서 모두 병적 과학에 빠지는 것은 아니다. 크룩스 같은 일부 과학자는 병적 과학에서 벗어나 훌륭한 연구를 계속했다. 그리고 처음에는 병적 과학처럼 보였다가 결국에는 진짜 과학으로 판명되는 희귀한 사례도 있다!

빌헬름 뢴트겐Wilhelm Röntgen은 보이지 않는 광선을 연구하면서 자신이 틀렸음을 증명하려고 애썼지만, 증명할 수가 없었다.

1895년 11월, 뢴트겐은 독일 중부 지역에 위치한 연구실에서 크룩스관으로 실험을 하고 있었다. 최신 장비인 크룩스관은 아원자 세계의 현상을 연구하는 데 중요한 도구였다. 발명가의 이름을 딴 크룩스관은 진공 상태의 유리 용기 내부 양쪽 끝에 금속 극판이 두 개

들어 있었다. 두 금속 극판 사이에 전류를 흐르게 하면, 광선이 진공을 가르지르며 지나가는데, 특수 효과 실험실에서나 볼 만한 섬광이 일었다. 오늘날의 과학자들은 그것이 전자빔이란 사실을 알지만, 1895년에는 뢴트겐은 물론이고 다른 과학자들도 그 정체를 몰랐다.

그전에 뢴트겐의 동료가 작은 알루미늄박 창이 달린 크룩스관을 만들었는데, 거기서 빔이 알루미늄박을 통과해 공기 중으로 나가는 것을 발견했다. 그 빔은 금방 사라졌지만(공기는 그 빔에 독과 같았다), 몇 센티미터 떨어진 곳에 있던 인광 스크린이 환하게 빛났다. 뢴트겐은 1895년에 이 실험을 다시 해보았는데, 실험 조건에 약간 변화를 주었다. 크룩스관을 그냥 그대로 둔 채 실험하는 대신에 검은 종이로 에워싸 빔이 오직 알루미늄박을 통해서만 빠져나가도록 했다. 그리고 동료가 사용한 인광 물질 대신에 스크린에 바륨 화합물을 발랐다.

그다음에 일어난 일에 대해서는 다양한 이야기가 있지만, 어쨌든 확실한 것은 전류를 통할 때마다 바륨을 바른 스크린에서 빛이 났다는 사실이다. 하지만 그 스크린은 크룩스관 가까이에 있지도 않았다. 그것은 연구실에서 정반대편 끝에 있었다!

뢴트겐은 검은 종이로 에워싼 크룩스관에서 어떤 빛도 빠져나가지 않았다는 사실을 확인했다. 어두컴컴한 연구실에 앉아 있었으니 햇빛 때문에 그런 빛이 났을 리도 없었다. 또, 뢴트겐은 크룩스관의 빔은 공기를 가로질러 스크린까지 갈 만큼 수명이 길지 않다는 사실도 알고 있었다. 훗날 뢴트겐은 그때 자신이 본 것을 환각으로 생각했다고 말했다. 원인이라면 크룩스관밖에 없었지만, 불투명한 검은 종이를 뚫고 나갈 수 있는 광선은 그때까지 알려진 게 없었다.

그래서 뢴트겐은 실험을 계속했다. 바륨을 바른 스크린을 세워놓고, 가까이 있는 책을 크룩스관 옆에 갖다놓아 거기서 나오는 빔을 차단했다. 그런데 책갈피에 서표書標로 끼워놓은 열쇠의 윤곽이 스크린에 선명하게 나타나는 걸 보고서 뢴트겐은 소스라치게 놀랐다. 영문은 알 수 없었지만, 물체를 투시한 모습이 자기 눈에 보였던 것이다. 하지만 정말로 섬뜩한 흑마술을 본 순간은 다른 물체를 들고 실험을 하던 도중에 자신의 손뼈가 스크린에 나타났을 때였다. 뢴트겐은 자신이 완전히 미쳤다고 생각했다! 하지만 전혀 그렇지 않았다. 사실은 뢴트겐이 X선을 발견한 것이었다.

그러다가 결국 자신이 본 것이 실제로 존재한다는 확신이 조금 생긴 뢴트겐은 어느 날 오후에 아내 베르타를 연구실로 불러 아내의 손을 X선에 노출시켰다. 뼈가 찍혀 나온 사진을 본 아내는 소스라치게 놀라며 그것이 자신의 죽음을 예고하는 것이라고 생각해 두려움에 떨었다. 그 이후로 베르타는 뢴트겐의 으스스한 연구실에 다시는 오려고 하지 않았다. 하지만 뢴트겐은 아내의 반응에 안도감을 느꼈다. 지금까지 일어난 일들이 자신의 상상이 아니었음을 증명해주었기 때문이다.

그러고 나서 뢴트겐은 '뢴트겐선'의 발견을 발표했다. 당연히 사람들은 크룩스의 주장을 의심했던 것처럼 뢴트겐의 주장도 의심했다.

하지만 뢴트겐은 인내심이 강하고 겸손했으며, 누가 반대 의견을 제시할 때마다 자신도 이미 그 가능성을 조사해보았다고 반박하여 결국은 모든 동료의 반대를 잠재웠다. 보통은 이쯤에서 병적 과학의 심각한 이야기가 시작되겠지만, 뢴트겐의 이야기에는 극적인 반전이 기다리고 있었다.

과학자들은 새로운 개념에 적대적인 반응을 보일 수 있다. "이보게 뢴트겐, 보이지 않게 검은 종이를 뚫고 나가 몸속의 뼈를 훤히 드러내는 그 '미스터리의 광선'이 도대체 무엇이란 말인가? 황당무계한 이야기가 아닌가?"라고 질문할 수도 있다. 하지만 뢴트겐이 재현 가능한 실험과 확실한 증거를 가지고 반박하자, 대다수 과학자들은 낡은 개념을 버리고 새로운 개념을 받아들였다. 평생 동안 평범한 과학자로 살아온 뢴트겐은 갑자기 모든 과학자의 영웅으로 떠올랐다. 1901년, 뢴트겐은 노벨 물리학상 초대 수상자가 되었다. 20년 뒤, 헨리 모즐리라는 물리학자가 전자총과 X선 장비를 사용해 주기율표 연구에 혁명을 일으켰다. 게다가 2004년에는 뢴트겐의 업적을 기려 111번 원소의 이름이 뢴트게늄으로 정해졌다.

5부

현재와 미래의 원소 과학

16장

극저온 화학

뢴트겐은 주기율표에 깜짝 놀랄 만한 것이 많이 숨어 있다는 사실을 상기시켰다. 심지어 지금도 원소와 관련해 새로 발견할 것들이 남아 있다. 그러나 쉽게 발견할 수 있는 것들은 이미 뢴트겐 시대에 대부분 발견되었기 때문에, 새로운 발견을 하려면 획기적인 방법이 필요하다. 그래서 과학자들은 원소들을 극한 상황, 그중에서도 특히 극저온 환경으로 몰아넣었는데, 그런 환경에서 일부 원소들은 아주 기묘한 행동을 보인다. 그런데 극저온은 그런 발견을 하기 위해 연구하는 사람에게도 결코 안전한 환경이 아니다.

1911년 이전에는 남극점을 밟은 사람이 아무도 없었다. 이 때문에 남극점에 먼저 도착하기 위해 탐험가들 사이에 치열한 경쟁이 벌어졌다. 이 경쟁은 극저온 상황에서 화학에 어떤 섬뜩한 일이 일어날 수 있는지 생생하게 보여주었다.

그해는 남극 대륙의 기준에서 보더라도 유난히 추운 해였다. 하지만 로버트 팰컨 스콧Robert Falcon Scott이 이끄는 영국 탐험대는 반드시 남극점에 맨 먼저 도착하겠다는 각오로 출발에 나섰다.

남극 탐험대의 비극을 불러온 주석의 변덕

스콧이 이끈 5명의 탐험대는 몇 달 동안 얼음 위를 터벅터벅 걸어 마침내 1912년 1월에 남극점에 도착했다. 그런데 도착해서 보니, 그곳에 천막과 노르웨이 국기와 한 통의 편지가 남아 있는 게 아닌가! 노르웨이 탐험가 로알 아문센Roald Amundsen이 이미 한 달 전에 이곳에 먼저 도착했던 것이다! 스콧은 일기장에 이렇게 썼다. "맙소사! 이곳은 끔찍한 곳이다. 이제 집으로 돌아가는 사투가 남았다. 우리가 해낼 수 있을지 의심스럽다."

어쨌든 돌아가는 길은 무척 힘든 여정이 될 수밖에 없었지만, 남극 대륙은 이들을 벌주고 괴롭히려고 단단히 작정한 것 같았다. 이들은 눈보라가 몰아치는 계절을 만나 몇 주일 동안 고립되었는데, 나중에 발견된 일기에 따르면 굶주림과 괴혈병, 탈수, 저체온증, 괴저로 극심한 고통에 시달린 것으로 보인다. 무엇보다 큰 타격은 난방용 연료 부족이었다.

스콧은 그 전해에 북극을 탐험했는데, 등유 용기의 가죽 마개 밀봉 부위를 통해 등유가 새는 바람에 전체 연료 중 약 절반을 잃고 말았다. 그래서 남극 탐험에 나설 때에는 주석으로 납땜한 용기를 실험적으로 사용했다. 그러나 귀환길에 오른 탐험대가 지친 몸을 이끌고 연료통이 있는 곳에 도착해보니, 많은 연료통이 텅 비어 있었다. 심지어 샌 연료에 저장된 식품이 오염되기까지 했다.

등유가 없으면 식품을 조리할 수도 없고 얼음을 녹여 식수를 얻을 수도 없었다. 한 사람은 병으로 앓다가 죽었다. 또 한 사람은 추위 속에서 정신이 이상해져 어디론가 사라져버렸다. 스콧을 포함해 남은 세 사람은 계속 집을 향해 전진했다. 하지만 1912년 3월 말에 영국 기지에서 18km 떨어진 지점에서 이들은 추위를 견디지 못하고 죽고 말았다.

전성기 때 스콧은 인기가 대단했는데, 영국에서는 특히 그랬다. 영국 사람들은 그가 죽었다는 소식을 듣고 크게 슬퍼했고, 그를 비난에서 벗어나게 할 핑계를 찾으려고 했다. 그리고 주기율표에서 적절한 핑계를 찾았다.

스콧이 납땜에 사용한 주석은 원하는 모양으로 쉽게 만들 수 있어 성경 시대 이래 소중한 금속으로 쓰여왔다. 그런데 아이러니하게도 주석의 품질을 높이고 더 순수하게 만들수록 그 주석으로 만든 제품은 품질이 더 나빠졌다. 순수한 주석으로 만든 연장이나 동전, 장난감은 날씨가 추워지면 표면에 허옇게 '녹'이 슬었다. 이 흰색 '녹'은 주석을 약하게 하고 부식시켜 마침내 주석을 부서지게 했다.

주석에 생기는 녹은 철에 스는 녹과는 달리 화학 반응의 결과가 아니다. 주석의 흰색 녹은, 고체 상태에서 주석 원자들이 배열하는 방식이 두 가지이기 때문에 생긴다. 튼튼한 '베타' 형태로 배열돼 있던 주석 원자들은 날씨가 추워지면 '알파' 형태로 재배열하면서 부석부석한 가루로 변한다.

다음과 같이 시각화하면 그 차이를 쉽게 이해할 수 있다. 큰 상자 속에 원자들을 오렌지처럼 집어넣는다고 상상해보라. 맨 밑바닥에는 원자들이 한 층만 깔릴 것이다. 그다음에 두 번째, 세 번째, 네 번째 층을 쌓으려면 첫 번째 층에 있는 각각의 원자 바로 위에 원자를 올려놓는 방법이 있다. 이것이 첫 번째 결정 구조, 즉 배열 형태이다. 또 한 가지 방법은 두 번째 층의 원자들을 첫 번째 층 원자들 사이의 공간에 올려놓고, 세 번째 층의 원자들을 두 번째 층 원자들 사이의 공간에 올려놓는 것이다. 이것이 두 번째 배열 형태로, 이 결정 구조는 첫 번째 결정 구조와는 밀도와 성질이 다르다. 원자들을 배열하는 방법은 이 두 가지 말고도 많이 있다. 실제로 원자들이 바로 이런 식으로 배열한다는 사실이 밝혀졌다.

스콧 탐험대는 어떤 원소의 원자들이 약한 결정 구조에서 강한 결정 구조로 혹은 그 반대로 변할 수 있다는 교훈을 뒤늦게 값비싼 희생을 치르면서 배운 것이다. 흑연을 이루는 탄소 결정 구조가 다이아몬드로 바뀌려면 아주 높은 열과 압력이 필요한 것처럼, 그런 재배열이 일어나려면 보통은 극단적인 조건이 필요하다. 그런데 주석은 불과 13°C에서 결정 구조가 변한다. 심지어 10월의 쌀쌀한 오후에도 그런 변화가 일어나기 시작하며, 기온이 내려갈수록 그 과정은 더욱 빠르게 일어난다. 금속 표면에 약간의 손상이 있으면(단단한 얼음에 부딪쳐 용기에 흠이 생긴다든가 하여) 변화가 더 빨리 일어난다. 심지어 더 나쁜 일도 일어날 수 있다.

이 상태는 질병처럼 속으로 깊이 파고들기 때문에 가끔 '주석 나병tin leprosy'이라고 부른다. 베타 형태가 알파 형태로 변할 때에는 충분

결정 구조

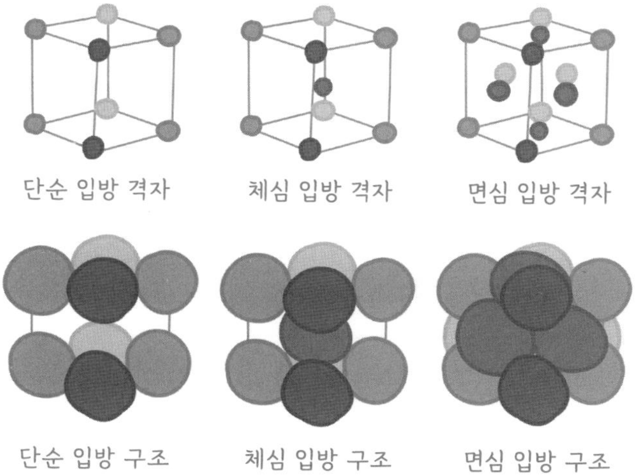

히 많은 에너지가 방출되어 귀로 들을 수 있는 신음 소리가 난다. 이것을 '주석의 비명'이라고 부르지만, 실제로는 정전기가 발생할 때 나는 소리와 비슷하다.

주석이 베타 형태에서 알파 형태로 변하는 과정은 역사에서 편리한 화학적 희생양으로 이용돼왔다. 혹독한 겨울이 찾아오는 유럽의 여러 도시(예컨대 상트페테르부르크)에서는 교회에 들여놓은 새 오르간의 값비싼 주석 파이프가 첫 번째 건반을 누르자마자 폭발해 재로 변했다는 전설이 전해 내려온다.

더 유명한 사례로는 나폴레옹이 있다. 1812년 6월에 나폴레옹은 어리석게도 러시아를 공격했다가 몇 달 뒤에 추위가 몰아칠 때 후퇴하게 되었다. 이때 프랑스군 군복 상의의 주석 단추가 갈라져(많은 역사학자들은 이 이야기에 이의를 제기하지만) 찬바람이 세게 불 때마다 프랑스군의 속옷이 찬 공기에 노출되었다고 한다. 스콧 탐험대가 남극대륙에서 그런 것처럼 프랑스군도 어찌 되었건 러시아에서 어려운 상황에 맞닥뜨릴 수밖에 없는 운명이었다. 하지만 50번 원소가 온도에 따라 구조가 재배열되는 성질이 문제를 악화시켰을 가능성이 있었고, 영웅을 옹호하고 싶은 사람들에게는 영웅의 판단 착오보다는 화학을 희생양으로 삼는 편이 훨씬 편리했다.

스콧 일행이 텅 빈 연료통을 발견했다는 사실은 의심의 여지가 없지만(그의 일기에도 그렇게 기록돼 있다), 과연 주석이 부서져서 연료가 새어나간 것인지는 확실치 않다. 주석 나병은 아주 그럴듯한 설명이지만, 수십 년 뒤에 발견된 다른 탐험대의 연료통들은 온전히 밀봉된 채 남아 있었다. 스콧이 더 순수한 주석을 사용하긴 했지만, 주석 나병이 발생하려면 아주 순수한 주석을 사용해야 한다. 누군가 고의로 연료통을 파괴했을 가능성 말고는 그럴듯한 설명이 없지만, 그런 일이 일어났다는 증거는 전혀 없다. 어쨌든 스콧 일행은 그렇게 해서 차디찬 얼음 위에서 최후를 맞이했는데, 주기율표에 부분적인 원인이 있는지도 모른다.

원자들의 배열 방식

아주 낮은 온도에서 물질이 한 상태에서 다른 상태로 변할 때에는 기묘한 일이 일어난다. 물질의 상태에 고체, 액체, 기체 세 가지가 있다는 사실을 누구나 안다. 그런데 이 세 가지 말고도 또 다른 상태들이 있다. 예컨대 플라스마와 초유체, 축퇴 물질도 있는데, 이것들은 모두 독특한 성질을 갖고 있다.(젤리는 왜 별개의 상태가 아닌가 하고 궁금해하는 사람이 있을 것이다. 그 답은 무엇일까? 젤리 같은 콜로이드는 두 가지 상태가 혼합된 것이다. 물과 젤라틴의 혼합물은 매우 유연한 고체로 볼 수도 있고, 점성이 아주 큰 액체로 볼 수도 있다.)

요점은 우주에는 물질의 상태(입자들의 배열 형태)가 우리 주변에서 볼 수 있는 고체, 액체, 기체의 세 가지만 있는 게 아니라, 훨씬 다양하다는 것이다. 아인슈타인은 1924년에 양자역학 방정식을 만지작거리다가 새로운 물질 상태('보스-아인슈타인 응축'이라 부르는)를 한 가지 발견했다. 그러고 나서는 자신이 계산한 결과와 이론적 발견이 너무나도 기묘한 것이라서 실제로는 존재할 수 없다고 주장했다. 그런데 1995년에 어떤 과학자가 그런 물질 상태를 실제로 만들어냈다!

어떤 면에서 고체는 물질의 가장 기본적인 상태라고 할 수 있다. 고체 물질에서는 원자들이 동일한 형태가 3차원으로 반복되는 배열 방식으로 정렬한다. 다만, 가장 평범한 고체조차도 대개 한 가지 이상의 결정이 생길 수 있다. 과학자들은 고압 용기를 사용해 얼음을 열네 종류의 결정으로 만들 수 있다. 이렇게 만든 얼음 중 어떤 것은 물 위에 뜨지 않고 가라앉으며, 어떤 얼음 결정은 눈송이처럼 6개의 변을 가진 것이 아니라 야자수 잎이나 콜리플라워 머리처럼 생겼다. 아이스 X라는 기묘한 얼음은 2038°C가 될 때까지 녹지 않는다. 초콜릿처럼 순수하지 않고 복잡한 물질도 주석처럼 그 모양이 변할 수 있는 기묘한 구조를 갖고 있다. 오래된 초콜릿 표면에 흰색 얼룩이 생긴 걸 본 적이 없는가? 이것은 그저 설탕이나 코코아버터에 지나지 않지만, 사람들은 이것을 초콜릿 나병이라 부르는데, 남극 대륙에서 스콧의 목숨을 앗아간 바로 그 베타-알파 변화 때문에 일어난다.

17장

거품의 과학

거품은 많은 과학 분야에서 그 유용성이 입증되었지만, 거품의 과학이 어엿한 정식 과학 분야로 인정받은 것은 1900년 무렵이 되어서였다. 여기에 큰 역할을 한 어니스트 러더퍼드와 켈빈 경Lord Kelvin(원래 이름은 윌리엄 톰슨William Thomson)은 자신들의 연구가 장차 어떤 결과를 낳을지 짐작조차 하지 못했다.

거품에서 얻은 영감

1895년에 뉴질랜드에서 케임브리지 대학으로 간 러더퍼드는 방사능 연구에 몰두했다. 실험을 통해 자연의 비밀을 밝혀내는 능력은 과학사 전체를 통틀어 그를 능가할 사람이 없었다. 그리고 한 원소가 어떻게 다른 원소로 변하는지 그 수수께끼를 풀기 위해 그가 사용한 우아한 방법은 어느 누구도 따라가기 어렵다.

러더퍼드는 케임브리지에서 몬트리올로 옮겨간 뒤에 방사성 물질이 어떻게 주변의 공기를 더 많은 방사능으로 오염시키는지 궁금했다. 그것을 조사하기 위해 마리 퀴리의 연구를 바탕으로 연구를 진행했다. 마리 퀴리(다른 사람들도 그랬지만)는 방사성 원소에서는 '순수한 방사능'으로 이루어진 일종의 기체가 나오며, 마치 전구에서 나온 빛이 공기를 뒤덮듯이 그 방사능이 공기를 이온화시킨다고 했다. 러더퍼드는 '순수한 방사능'이 실제로는 자체 방사능을 지닌 미지의 기체 원소가 아닐까 의심했다.

러더퍼드는 이 가설을 검증하는 일을 자연에 맡겼다. 밀폐된 용기 속에서 방사성 금속 시료가 붕괴하도록 내버려둔 뒤, 거기서 방출되는 기포를 거꾸로 세운 플라스크 안에 모았다. 이를 통해 자신이 원하던 방사성 물질을 모두 다 얻을 수 있었다. 러더퍼드는 협력 연구자인 프레더릭 소디Frederick Sody와 함께 방사능을 띤 거품 방울이 실제로는 새로운 원소인 라돈임을 증명했다. 그리고 플라스크 안의 시료가 줄어드는 것과 동일한 비율로 라돈 시료의 부피가 증가하는 것으로 보아 한 원소가 다른 원소로 변하는 일이 일어난다는 사실도 알아냈다.

러더퍼드와 소디는 새로운 원소를 발견했을 뿐만 아니라, 원소가 붕괴하면서 주기율표에서 이리저리 돌아다닐 수 있고, 또 칸들을 건너뛸 수 있다는 사실도 발견했다. 이렇게 한 원소가 다른 원소로 변하는 과정을 원소 변환이라고 한다. 이것은 아주 놀라운 발견이었으나, 한 가지 문제가 있었다. 그동안 과학은 납을 금으로 바꿀 수 있다고 주장한 연금술사의 생각이 틀렸음을 증명하려고 많은 시간과 노력을 쏟아부었는데, 러더퍼드와 소디는 이제 그것이 가능하다고 주장한 것이다!

러더퍼드는 방사성 원소에서 나온 작은 입자들을 알파 입자라고 불렀다.(그는 베타 입자도 발견했다.) 그는 알파 입자가 끓는 액체에서 빠져나오는 기포처럼 방사성 원소에서 탈출한 헬륨 원자핵이 아닐까 의심했다. 이 가설을 검증하기 위해 러더퍼드는 유리 구 두 개를 준비했다. 하나는 비눗방울처럼 얇았는데, 거기에 라돈을 펌프질해 집어넣었다. 다른 하나는 더 두껍고 더 컸는데, 그것으로 첫 번째 유리 구를 에워쌌다. 알파 입자는 얇은 첫 번째 유리 구 껍데기를 뚫고 나갈 만큼 충분한 에너지를 가졌지만, 더 두꺼운 두 번째 유리 구는 뚫고 나가지 못해 두 유리 구 사이에 있는 진공 상태의 공간에 갇혔다.

며칠이 지난 뒤에도 이것은 대단한 실험으로 보이지 않았는데, 갇힌 알파 입자는 색깔도 없고 아무 일도 하지 않았기 때문이다. 그때, 러더퍼드가 진공 상태의 공간에 전류를 흘려주었다. 그러자 휘황찬란한 네온사인과 같은 것이 나타났다. 모든 비활성 기체와 마찬가지로 헬륨도 전기 에너지를 받아 들뜬 상태가 되면 빛을 낸다. 러더퍼드가 실험하던 수수께끼의 입자는 헬륨 특유의 초록색과 노란색 빛을 내기 시작했다. 러더퍼드는 이렇게 초기의 '네온등'을 이용해 알파 입자가 방사성 붕괴 과정에서 탈출한 헬륨 원자핵임을 증명했다.

러더퍼드는 알파 입자와 헬륨 원자핵의 관계를 1908년 노벨상 시상식 때 수락 연설에서 발표했다.(러더퍼드는 자신이 직접 노벨상을 받은 것에 그치지 않았다. 그가 가르치고 훈련시킨 제자 중에서도 노벨상 수상자가 11명이나 나왔다. 그중에서 맨 마지막 수상자는 러더퍼드가 죽은 지 40년도 더 지난 1978년에 나왔다.) 훗날 104번 원소 이름이 러더포듐으로 정해지자, 러더퍼드는 주기율표에 자신의 칸을 얻음으로써 과학계에서 왕족의 반열에 올랐다.

켈빈의 큰 영향력

켈빈은 비눗방울 하나를 관찰하면서도 한평생을 보낼 수 있다는 등의 이야기를 함으로써 거품의 과학을 대중화하는 데 크게 기여했다. 사실, 그 발언은 솔직한 게 아니었는데, 그의 실험 일지에 따르면, 그가 한 거품 연구의 개요는 어느 날 아침에 침대에 누운 채 끼적거린 것이었고, 그것에 대해 쓴 논문도 짧은 것 한 편뿐이었기 때문이다. 하지만 흰 턱수염을 휘날리면서 물과 글리세린이 담긴 통을 철벅거려 서로 연결된 사각형 모양의 비눗방울을 만들어낸 빅토리아 시대의 이 위대한 과학자에 관해 흥미진진한 이야기들이 많이 전해진다.

켈빈의 연구는 후세대들이 연구한 거품의 과학에도 영감을 주었다. 생물학자 다시 웬트워스 톰프슨D'Arcy Wentworth Thompson은 1917년에 『성장과 형태에 관해서*On Growth and Form*』라는 획기적인 책을 쓸 때, 켈빈의 거품 생성에 관한 개념을 세포 발달에 적용했다. 현대적인 세포 생물학 분야는 바로 여기서 출발했다. 게다가 최근의 생화학 연구 결과들은 거품이 생명 자체의 원인이라고 시사한다. 최초로 출현한 복잡한 유기 분자들은 흔히 생각하듯이 바다에서 생겨난 것이 아니라, 북극 지방처럼 추운 곳에서 얼음에 갇힌 수포(물거품) 속에서 생겨났을지도 모른다. 물은 상당히 무겁기 때문에 물이 얼 때에는 녹아 있던 유기 분자 같은 '불순물'을 밀어내 수포 속으로 보낸다. 이러한 수포들의 농도와 압축이 충분히 크면, 이 분자들이 합쳐져 살아 있는 세포를 만들었을 수 있다.

켈빈의 연구는 군사과학에도 영감을 주었다. 제1차 세계 대전 때 레일리Rayleigh는 잠수함의 나머지 함체는 멀쩡한데도 프로펠러가 쉽게 분해되어 부서지는 원인을 밝히는 조사에 착수했다. 조사 결과, 회전하는 프로펠러가 만들어내는 거품이 빙빙 돌면서 마치 설탕이 치아를 공격하듯이 프로펠러의 금속 날을 공격한다는 사실이 밝혀졌다.

오늘날 대체 에너지에 관심을 가진 물리학자들은 거품으로 초전도체 모형을 만든다. 병리학자들은 에이즈 바이러스인 HIV에 감염된 세포가 팽창하다가 폭발하는 방식 때문에 HIV를 '거품' 바이러스foamy virus라고 부른다. 곤충학자들은 물속에서 거품 방울을 잠수정처럼 사용해 숨을 쉬는 곤충을 알고 있고, 조류학자들은 공작 깃털의 금속성 광채가 깃털 속의 거품 방울들에 산란돼 나오는 빛 때문이라는 사실을 알아냈다. 무엇보다도 중요한 발견은 2008년에 식품과학 분야에서 일어났는데, 애팔래치아 주립대학 학생들이 다이어트 콜라에 멘토스 캔디를 집어넣으면 콜라가 왜 폭발하는지 그 이유를 마침내 밝혀냈다. 거친 입자들로 이루어진 멘토스 캔디의 표면은 콜라에 녹아 있는 작은 거품 방울들을 붙잡는 그물처럼 작용해 이 거품 방울들이 합쳐지면서 점점 커진다. 그러다가 아주 커진 거품 방울 몇 개가 폭발하면서 위로 솟구쳐 오르는데, 좁은 구멍을 통해 6m나 솟아오를 수 있다. 이 발견은 거품의 과학에서 일어난 가장 위대한 순간 중 하나라고 일컬을 만하다.

18장

터무니없을 정도로 정밀한 도구

과학자와 과학 선생님 중에는 유난히 까다롭게 구는 사람들이 있다. 소수 여섯째 자리 반올림을 잘못했다는 이유로 점수를 깎거나, 시험을 볼 때 주기율표가 그려진 티셔츠를 가리거나, '질량'을 '무게'라고 한 학생의 발언을 지적하거나, 물에 설탕을 녹일 때조차 자신은 물론이고 모든 사람에게 고글을 쓰게 하는 사람도 있다. 그런데 이런 과학자나 선생님조차 지나치게 까다롭다고 불평하는 사람이 있다고 상상해보라. 표준국에서 일하는 사람이 바로 그런 사람이다.

거의 모든 나라에는 표준국이 있는데, 표준국의 주요 임무는 '모든 것'을 측정하는 것이다. 표준국에서 일하는 과학자에게 측정은 그저 과학의 기반을 이루는 일이 아니라, 과학 그 자체이다.

역사적 이유로 파리 외곽에 위치한 국제도량형국BIPM은 세계 각국 표준국의 표준국 역할을 하면서, 나머지 '가맹점'들이 한 치의 오차도 없이 잘 굴러가도록 보장한다. 국제도량형국의 특별한 임무 중 하나는 국제 킬로그램 원기(전 세계의 공식적인 킬로그램 표준)를 관리하는 것이다. 높이와 지름이 각각 39.17mm이고, 백금 90%와 이리듐 10%의 합금으로 만들어진 이 원통형 원기의 질량은 정의상 정확하게 1.000000……kg이다.(소수점 아래의 0은 얼마든지 추가해도 상관없다.) 미국인인 나는 이게 대충 2파운드쯤 된다고 말하고 싶지만, 그렇게 말하고 나면 부정확한 값을 이야기했다는 죄책감을 느낄 것이다.

킬로그램 원기는 물리적 물체여서 손상될 가능성이 있기 때문에, 그리고 1kg의 정의는 항상 똑같아야 하므로, 국제도량형국은 킬로그램 원기가 긁히거나 먼지가 들러붙거나 원자 하나라도 잃지 않도록(어디까지나 희망 사항이지만!) 잘 관리해야 한다. 그래서 그들은 늘 킬로그램 원기의 온도와 주변 기압을 면밀히 감시하여, 원자를 단 하나라도 떨어져나가게 할 수 있는 아주 미소한 변화나 변형력을 방지하려고 노력한다. 그리고 킬로그램 원기는 더러운 공기(우리가 숨 쉬는 것과 같은 공기)에 노출되는 표면적을 최소화하기 위해 밀도가 높은 백금과 이리듐(77번)의 합금으로 만든다. 또, 백금은 전기를 잘 전달하기 때문에 주변을 지나가는 원자를 끌어당기는 정전기 발생을 줄일 수 있다. 마지막으로, 백금은 아주 단단하기 때문에 혹시라도 사람이 킬로그램 원기에 손을 댈 경우 손톱에 긁혀 손상될 가능성을 줄인다.

다른 나라들도 무엇을 정확하게 측정해야 할 때마다 파리로 날아가는 번거로움을 피하기 위해 각자 나름의 공식적인 킬로그램 원기를 갖고 있어야 한다. 파리의 국제 킬로그램 원기가 국제 표준이기 때문에 각국의 킬로그램 원기 복제품은 그것을 기준으로 삼아야 한다. 미국의 공식 킬로그램 원기는 K20(20번째 공식 복제품이란 뜻)이라 부르는데, 메릴랜드주의 정부 건물에 보관돼 있다.

국제도량형국은 다른 나라의 킬로그램 원기를 보정할 때에는 대개 6개의 킬로그램 원기 공식 복제품(각 복제품은 2개의 병 속에 보관돼 있다) 중 하나를 사용한다. 하지만 공식 복제품도 진짜 킬로그램 원기와 비교해야 하기 때문에, 몇 년에 한 번씩 과학자들은 공식 복제품의 보정을 위해 킬로그램 원기를 금고에서 꺼낸다.(이때에는 물론 지문을 남기지 않도록 라텍스 장갑을 끼고 집게를 사용한다. 그리고 사람의 체온이 전달돼 킬로그램 원기가 가열되면 모든 게 허사로 돌아가기 때문에 너무 오래 들고 있어서도 안 된다.) 그런데 경악스럽게도 과학자들은 1990년대에 보정을 하다가 사람들이 만질 때 떨어져나가는 일부 원자를 감안하더라도 지난 수십 년 동안 킬로그램 원기의 질량이 매년 지문의 질량에 해당하는 0.5마이크로그램씩 추가로 감소했다는 사실을 발견했다! 그 이유는 아무도 모른다.

킬로그램 원기를 완벽하게 유지하는 데 실패했다는 것은 몹시 염려스러운 상황이다. 그래서 불안정한 원통을 킬로그램의 정의로 삼는 관행을 바꾸어야 할 필요성이 제기되었다. 1600년경 이후에 과학이 크게 발전한 데에는 우주에 대한 인간 중심적 견해를 버리고 객관적 견해를 받아들인 것이 중요한 역할을 했다. 킬로그램은 모든 과학 분야에서 보편적으로 쓰이는 일곱 가지 '기본 단위' 중 하나이다.(나머지는 암페어, 칸델라, 미터, 켈빈, 몰, 초이다.) 백금-이리듐 원통처럼 사람이 만든 물체를 표준으로 한 기본 단위는 이제 더 이상 유지하기가 어려워졌다.(게다가 표준으로 정한 물체가 불가사의하게도 줄어들고 있다면 더더욱 신뢰하기 어렵다.) 킬로그램 원기 문제는 갈수록 국제적인 불안감과 당혹감을 키우는 원인이 되었다(적어도 그런 일을 염려하는 것이 직업인 사람들에게는).

킬로그램이 기본 단위 중 물리적 물체와 관계가 있는 마지막 단위라는 사실 때문에 킬로그램 원기 문제는 더욱 뼈아프게 다가온다. 20세기 중반까지 1.000000……m의 정의는 파리에 보관돼 있는 백금 막대의 길이였다. 하지만 1960년에 과학자들이 그 정의를 바꾸었는데, 크립톤 원자에서 나오는 주홍색 빛의 파장에 165만 763.73을 곱한 길이를 1m로 정했다. 이 길이는 그때까지 1m 기준의 정의로 쓰던 백금 막대의 길이와 사실상 똑같지만, 새로운 정의 덕분에 백금 막대는 필요가 없어졌다. 어떤 진공에서 측정하더라도 크립톤 원자의 파장에 정해진 수를 곱하면 정확하게 똑같은 길이가 나오기 때문이다. 그 후 측정을 전문으로 하는 과학자(도량형학자)들은 1m의 길이를 진공 속에서 빛이 2억 9979만 2458분의 1초 동안 달리는 거리로 다시 정의했다.

일곱 가지 기본 단위는 무엇을 측정하는 단위일까?

과학자들이 주변의 모든 것을 측정하는 데 사용하는 기본 단위는 모두 일곱 가지이다.

- 암페어 전류
- 칸델라 광도
- 미터 길이
- 켈빈 온도
- 초 시간
- 킬로그램 질량
- 몰 물질의 양. 정확하게는 물질 속에 든 원자의 수

1초의 정의도 예전에는 지구가 한 바퀴 자전하는 시간의 8만 6400분의 1이었다(하루는 8만 6400초이므로). 하지만 몇 가지 성가신 사실 때문에 이것은 사용하기에 불편한 표준이 되고 말았다. 무엇보다도 하루의 길이가 조금씩 길어지고 있는데, 바다의 조수가 지구의 자전을 방해하는 마찰력으로 작용하여 자전 속도가 느려지기 때문이다. 이것을 보정하기 위해 도량형학자들은 대략 3년마다 한 번씩 '윤초'를 집어넣는데, 대개 12월 31일 자정에 아무도 눈치채지 못하는 사이에 그렇게 한다. 그러나 윤초는 그다지 깔끔하지 못한 임시방편에 불과하다. 그래서 미국 표준국은 세슘 원자시계를 바탕으로 1초의 길이를 정의하는 방법을 개발했다.

원자시계는 우리가 앞에서 이야기한 전자의 도약과 추락 현상을

기반으로 작동한다. 전자가 도약했다가 추락하는 주기는 매번 정확하게 똑같기 때문에, 원자시계는 전자가 움직일 때 방출되는 빛의 수를 세기만 하면 시간을 정확하게 측정할 수 있다.

세슘이 원자시계로 쓰기에 편리한 이유는 가장 바깥쪽 전자껍질에 전자가 하나만 있어서 주변에 그 움직임을 방해할 다른 전자들이 없기 때문이다. 맨 바깥쪽에 있는 전자는 아주 빠르다. 1초에 수십 번 혹은 수천 번 왕복하는 데 그치지 않고 무려 91억 9263만 1770번이나 왕복한다. 그래서 세슘의 전자가 91억 9263만 1770번 왕복하는 시간이 공식적인 1초의 정의가 되었다.

(2019년 5월 20일에 마침내 킬로그램의 정의가 바뀌었다. 새로운 정의는 물리적 물체인 킬로그램 원기 대신에 플랑크 상수를 바탕으로 한다.— 옮긴이)

상수가 변한다면

과학자들은 상수를 사랑한다. 전자의 전하, 중력의 세기, 빛의 속도. 이 값들은 어떤 상황에서 어떻게 실험하더라도 변하지 않는다. 만약 변한다면, 과학자들은, 인간의 행동(그리고 어리석음) 때문에 보편적인 법칙을 만드는 것이 불가능한 경제학 같은 사회과학과 자연과학을 구별하게 해주는 정확성을 포기해야 할 것이다.

과학자들이 더 흥미롭게 생각하는 것은 기본 상수이다. 만약 임의로 미터 단위를 좀더 길게 정하거나 킬로그램 단위를 더 가볍게 정한다면, 여러분의 키나 몸무게를 나타내는 수치도 변할 것이다. 그러나 기본 상수는 어떻게 측정하더라도 변하지 않는다.

가장 잘 알려진 기본 상수는 전자와 관련이 있는 미세 구조 상수이다. 간단히 말하면, 미세 구조 상수는 원자 내에서 일어나는 온갖 종류의 과정을 제어한다. 또 원자핵에서 일어나는 일부 과정의 세기 역시 미세 구조 상수에 의해 결정된다. 만약 빅뱅 직후에 알파(과학자들이 미세 구조 상수를 부르는 이름) 값이 조금만 더 작았더라면, 별에서 일어나는 핵융합 반응이 충분히 뜨겁게 타오르지 않아 탄소 핵융합 반응이 일어나지 못했을 것이다. 반대로 알파 값이 조금만 더 컸더라면, 탄소 원자들은 이미 오래전에 모두 분해돼 사라져 우리에게까지 흘러오지 못했을 것이다. 알파가 더 크거나 작은 값이 아니라 딱 적당한 값을 갖고 있는 이 수수께끼에 대해 물리학자 리처드 파인먼Richard Feynman은 "……이것은 물리학의 최대 수수께끼 중 하나이며, 우리가 이해하지 못한 채 우리에게 주어진 마법의 수이다. '신의 손'이 그것을 썼다고 말할 수도 있겠지만, 우리는 신이 자신의 연필을 어떻게 움직였는지 알지 못한다."라고 말했다.

그렇다고 해서 과학자들이 미세 구조 상수 값을 알아내려는 노력까지 포기한 것은 아니다. 영국 천문학자 아서 에딩턴Arthur Eddington은 알파에 큰 흥미를 느꼈다. 에딩턴은 어떤 수들은 초자연적인 의미가 있다고 믿었는데, 20세기 초에 알파 값이 약 136분의 1로 측정된 후 알파 값이 정확하게 136분의 1임을 '증명'하려고 노력했다. 그렇게 믿었던 이유 중 일부는 136과 666(〈요한묵시록〉에 나오는 '짐승의 숫자') 사이에서 어떤 수학적 관계를 발견했기 때문이었다. 그 후에 정밀한 측정을 통해 알파 값은 137분의 1에 더 가까운 것으로 밝혀졌지만, 에딩턴은 자신의 계산 어딘가에서 1을 추가해 자신의 가설을 계속 밀고 나갔다. 이 때문에 그는 아서 애딩원Arthur Adding-One이란 별명을 얻게 되었다.

오늘날 측정된 알파 값은 약 137.0359분의 1이다. 어쨌든 이 값 때문에 주기율표가 존재할 수 있다. 알파는 모든 원소의 원자가 존재할 수 있게 해주고, 또 서로 반응하여 화합물을 만들 수 있게 해주는데, 이 값은 전자가 원자핵에서 너무 멀리 벗어나지 않게 하는 동시에 원자핵에 너무 가까이 다가가지 않게 해주기 때문이다. 이렇게 절묘한 균형 때문에 많은 과학자들은 미세 구조 상수 값이 우주에 우연히 나타난 게 아니라고 생각한다. 과학보다 신학을 더 믿는 사람들은 알파는 창조자가 분자와 생명이 탄생하도록 우주를 '프로그래밍한' 증거라고 주장한다. 그래서 1976년에 소련(지금은 미국) 과학자 알렉산데르 실리야흐테르Alexander Shlyakhter가 아프리카 가봉에서 오클로라는 기묘한 장소를 방문한 뒤에 알파가 점점 커지고 있다고 발표하자, 온 세상이 발칵 뒤집혔다.

지금까지 '천연' 핵분열 원자로가 발견된 곳은 오클로뿐이다. 이

천연 원자로는 약 17억 년 전에 가동되기 시작했는데, 1972년에 프랑스 광부들이 이곳을 발견해 과학계를 발칵 뒤집어놓았다. 오클로의 원자로는 우라늄과 물, 남조류만으로 가동되었다. 정말이다! 오클로 근처를 흐르는 강에 사는 남조류는 광합성을 하면서 과량의 산소를 만들어냈다. 그 산소는 물을 강한 산성으로 만들었고, 그 물이 흙 속으로 스며들어 지하로 흘러가면서 기반암에 묻혀 있던 우라늄을 녹였다. 그리고 우라늄이 한 장소에서 농축되어 임계 질량에 이르렀고, 물이 중성자의 속도를 늦추는 역할을 해 핵분열 반응이 일어났다.

물론 핵분열 반응에서는 열이 발생하는데, 오늘날 오클로에 커다란 폭발 구덩이가 남아 있지 않은 것은 우라늄이 뜨거워지면서 물을 끓여 모두 증발시켰기 때문이다. 물이 없자 중성자의 속도가 빨라져 핵분열 반응이 멈추었다. 우라늄이 충분히 식은 뒤에야 다시 물이 흘러들어왔고, 물이 중성자의 속도를 늦추자 반응로가 다시 가동되었다. 이런 과정이 계속 반복되었다.

17억 년이나 지난 뒤에 과학자들은 이런 일이 일어났다는 사실을 어떻게 알아냈을까? 원소들이 그 단서를 제공했다! 지각 속에서 원소들은 완전히 고르게 섞여 있기 때문에, 여러 동위원소들의 비율은 어디서나 똑같아야 한다. 그런데 오클로의 우라늄광에 포함된 우라늄-235의 비율은 평균치보다 0.003~0.3% 더 낮다. 이것은 아주 큰 차이이다. 게다가 이곳에는 네오디뮴(60번)처럼 쓸모없는 원소들이 아주 많이 포함돼 있다. 네오디뮴의 동위원소는 대부분 질량수가 짝수인 네오디뮴-142, 네오디뮴-144, 네오디뮴-146으로 존재한다. 그런데 우라늄 원자로는 질량수가 홀수인 네오디뮴 동위원소를 정상보다 더 높은 비율로 만들어낸다. 과학자들이 오클로에서 네오디뮴의 농도를 분석하여 천연 네오디뮴과 비교해보았더니, 오클로의 원자핵 '지문'은 오늘날의 인공 원자로와 일치했다. 이것은 실로 놀라운 일이었다.

그런데 네오디뮴은 일치했지만, 다른 원소들은 그렇지 않았다. 실리야흐테르는 1976년에 오클로의 핵폐기물을 오늘날의 핵폐기물과 비교해보았는데, 사마륨의 일부 동위원소들이 너무 적게 생성되었다는 사실을 발견했다. 이 결과만 놓고 보면 흥분해야 할 이유가 전혀 없다. 하지만 핵분열 반응에서는 사마륨 같은 원소가 생성되지 않을 수 없다. 그래서 실리야흐테르는 옛날에 핵분열 반응이 일어날 때에는 지금과 조건이 조금 달랐을 것이라고 생각했다. 그리고 만약 미세구조 상수가 지금보다 아주 약간만 작다면 그 차이를 쉽게 설명할 수 있다는 사실을 발견했다. 문제는 알파가 기본 상수라는 데 있다. 물리학에서 기본 상수는 변해서는 안 되는 값이다.

문제가 커지자, 1976년부터 많은 과학자가 알파와 오클로의 관계를 밝히는 문제에 도전하고 나섰다. 이들이 측정하는 변화는 아주 미소한 것이고, 17억 년이라는 긴 시간이 지난 뒤라서, 오클로의 데이터로 알파에 대한 결정적 증거를 찾을 가망은 거의 없어 보인다. 하지만 기발한 아이디어의 가치를 과소평가해서는 안 된다. 실리야흐테르의 사마륨 연구는 낡은 이론을 뒤집어엎으려는 야심적인 물리학자들의 흥미를 자극했고, 상수의 변화 가능성에 대한 연구가 현재 활발하게 이루어지고 있다.

그들은 모두 어디 있는가?

앞에서 우리는 다소 불운한 상황에 놓였던 엔리코 페르미를 만났는데, 그는 실제로는 발견하지 않은 원소를 발견했다는 공로로 노벨상을 받았다. 그러나 여러분에게 페르미에 대한 부정적 인상만 심어주는 것은 온당치 않다. 대다수 과학자들은 보편적으로 그리고 무조건적으로 페르미를 좋아했다. 100번 원소의 이름은 그를 기려 페르뮴으로 정해졌다. 페르미는 머리 회전이 빠르기로도 유명했다. 동료들과 회의를 하다 보면, 답을 구하는 데 필요한 방정식을 찾으려고 부랴부랴 자기 연구실로 뛰어가는 사람도 있었다. 그런데 그 사람이 돌아올 때쯤이면 페르미가 그동안을 참지 못해 백지 상태에서 방정식을 유도해 답을 이미 구한 적이 많았다.

하지만 그런 페르미조차 아주 간단한 한 가지 질문에는 쉽사리 답을 내놓지 못했다. 앞에서 이야기했듯이, 많은 철학자는 우주가 생명을 탄생시키기에 딱 알맞도록 절묘하게 미세 조정돼 있다는 사실을 경이롭게 생각한다. 즉, 특정 기본 상수들이 생명을 탄생시키기에 '완벽한' 값을 갖고 있다는 것은 아주 경이로운 일이다. 게다가 과학자들은 지구가 우주에서 특별한 장소가 아니라고 믿어왔다. 지구의 평범성과 우주에 수많은 별과 행성이 존재한다는 사실, 그리고 빅뱅 이후에 흐른 그 오랜 시간을 감안한다면, 우주에는 수많은 생명이 살고 있어야 할 것이다. 하지만 우리는 아직까지 외계 생명체를 만난 적이 없을 뿐만 아니라, 어떤 신호도 받은 적이 없다. 어느 날, 점심을 먹으며 이 모순적인 사실들을 곰곰이 생각하던 페르미는 갑자기 동료들에게 마치 대답이라도 기대하듯이 "그렇다면 그들은 모두 어디 있는가?"라고 소리쳤다.

동료들은 오늘날 '페르미의 역설'로 알려진 이 질문을 듣고 폭소를 터뜨렸다. 하지만 어떤 과학자들은 페르미의 역설을 진지하게 받아들였고, 그 답을 제시할 수 있다고 생각했다. 그러한 시도 중 가장 유명한 것은 1961년에 천체물리학자 프랭크 드레이크Frank Drake가 내놓은 드레이크 방정식이다. 드레이크 방정식은 여러 가지 추측의 결합으로 이루어져 있다. 한 은하에 존재하는 별의 개수, 그 별들 주위에 지구와 비슷한 행성이 있는 비율, 그러한 행성들 중에서 지능 생명체가 진화할 확률, 그런 지능 생명체 중에서 외계와 접촉을 원할 비율 등이 그런 추측에 포함돼 있다. 드레이크는 처음에 계산했을 때 우리 은하에 그런 문명이 10개 존재한다는 결과를 얻었다. 하지만 이것은 어디까지나 약간의 근거를 바탕으로 한 추측에 지나지 않는다. 예를 들면, 외계인 중 몇 퍼센트가 우리와 대화를 원하는지 어떻게 알 수 있단 말인가?

그럼에도 불구하고 드레이크 방정식은 중요하다. 그것은 천문학자들이 어떤 데이터에 집중해야 하는지 알려주었으며, 우주생물학에 과학적 기반을 제공했다. 오늘날 우리가 주기율표를 만들려던 초기의 시도들을 돌아보는 것처럼 언젠가 우리가 드레이크 방정식을 돌아볼 날이 올지도 모른다. 그리고 최근에 망원경과 그 밖의 측정 장비가 크게 발전하면서 우주생물학자들은 추측을 넘어서서 더 확실한 근거를 제공하는 도구를 손에 쥐게 되었다. 실제로 허블 우주 망원경과 그 밖의 장비들은 아주 적은 데이터로부터 많은 정보를 얻어낼 수 있기 때문에, 오늘날의 우주생물학자들은 드레이크보다 훨씬 유리한 위치에 있다. 외계 지능 생명체가 우리를 찾을 때까지 마냥 기다리고만 있을 필요가 없다. 그 대신에 마그네슘 같은 원소를 찾음으로써 생명의 존재를 뒷받침하는 직접적 증거를 얻을 수도 있다.

물론 마그네슘은 생명의 원소로서는 산소나 탄소보다 덜 중요하다. 그러나 이 12번 원소는 원시적인 생물에게 큰 도움이 되는데, 유기 분자가 진짜 생물로 변할 수 있게 해주기 때문이다. 거의 모든 생명체는 에너지를 지닌 분자를 몸속에서 만들고 저장하고 이동시키는 데 미량의 금속 원소를 사용한다. 동물은 헤모글로빈에 들어 있는 철을 사용하지만, 초기에 큰 성공을 거둔 생명체들(특히 남조류)은 광합성을 추진하는 데 마그네슘을 사용했다. 광합성(햇빛을 당으로 바꾸는 과정)은 먹이 사슬의 기본을 이룬다. 이 과정을 이끄는 핵심 분자는 엽록소인데, 이 분자 중심에 마그네슘 이온이 자리잡고 있다.

행성에 존재하는 마그네슘은 또한 생명의 존재에 꼭 필요한 물의 존재도 시사한다. 마그네슘 화합물은 물을 흡수하기 때문에, 화성처럼 황량한 암석질 행성에서도 세균이 발견될 가능성이 있다. 목성의 위성 유로파처럼 액체 상태의 물이 존재하는 천체에서는 마그네슘이 바다를 액체 상태로 유지하는 데 도움을 준다. 유로파는 바깥쪽 지각이 얼음으로 뒤덮여 있지만, 그 밑에는 거대한 액체 바다가 있다. 무인 탐사선이 얻은 증거에 따르면, 이 바다에는 마그네슘염이 풍부하다. 마그네슘 화합물은(여러 물질과 함께) 생명을 만드는 데 필요한 원재료가 된다. 따라서 공기도 없는 황량한 행성에서 마그네슘염이 발견된다면, 이것은 그곳에서 생명의 출현에 도움이 되는 일이 일어나고 있다는 징후이다.

비록 외계 생명체를 찾는 작업이 기술적으로 크게 정교해지긴 했지만, 이 작업은 한 가지 가정을 전제로 한다. 그것은 이곳 지구에서 성립하는 과학이 다른 은하에서도 그리고 다른 시대에도 똑같이 성립한다는 것이다. 그러나 만약 알파 값이 시간에 따라 변한다면, 알파 값이 안정한 탄소 원자의 생성을 보장하기에 '적절한' 값이었을 때에는 창조자의 도움이 필요 없이 생명이 아주 손쉽게 생겨났을지도 모른다. 그런데 일부 물리학자는 아인슈타인의 이론을 바탕으로 알파 값이 공간에 따라서도 변할 수 있다고 생각한다. 이 이론에 따르면, 생명이 별 특징 없는 어느 우주 공간 구석에 위치한 평범한 행성인 이곳 지구에만 나타나고 달에는 나타나지 않은 것은 안정한 원자들과 완전한 분자들의 존재를 보장하는 알파 값이 이곳에만 존재하기 때문일지 모른다. 그러면 페르미의 역설은 아주 간단히 해결된다. 저 밖에는 아무도 없기 때문에 아무 응답이 없는 것이다.

천문학자들은 외계 행성을 수천 개나 발견했는데, 이에 따라 다른 곳에서 생명체가 발견될 가능성이 높아졌다. 하지만 아직도 우주생물학 분야의 큰 문제는 지구와 인간이 우주에서 특별한 위치를 차지하는지 알아내는 것이다. 외계 생명체를 찾는 작업에는 우리가 지닌 모든 측정 능력을 다 쏟아부어야 하고, 어쩌면 주기율표에서 우리가 간과한 칸들을 다시 살펴보아야 할지도 모른다.

19장

주기율표를 넘어서

주기율표 가장자리에는 한 가지 수수께끼가 남아 있다. 방사능이 아주 강한 원소는 모두 희귀하므로 가장 쉽게 분해되는 원소가 가장 희귀할 것이라고 생각하기 쉽다. 빨리 쉽게 분해되는 프랑슘(87번)은 실제로 아주 희귀하다. 하지만 프랑슘보다 더 희귀한 원소가 있다. 이것을 설명하려면 핵물리학자들이 '안정성의 섬'이라고 부르는 곳을 탐구할 필요가 있다. 이곳은 현재의 크기에서 벗어나 주기율표를 확장할 수 있는 최선이자 유일한 희망이 있는 곳이다.

여러분도 알다시피 우주에 존재하는 입자 중 약 90%는 수소이고, 나머지 약 10%는 헬륨이다. 무게가 1조×6조 kg(6×10^{24}kg)이나 나가는 지구를 포함해 나머지 모든 물질은 수소와 헬륨에 비하면 극히 미미한 존재에 불과하다. 그리고 1조×6조 kg 중에서 가장 희귀한 천연 원소인 아스타틴(85번)이 차지하는 양은 겨우 약 30g에 불과하다.

이것이 얼마나 적은 양인지 감이 잘 오지 않는다면, 이렇게 상상해보라. 어마어마하게 큰 주차장에서 자동차를 어디다 두었는지 잊어버렸다고 하자. 모든 층의 모든 줄과 모든 칸을 일일이 확인하며 돌아다닌다고 상상해보라. 지구에서 아스타틴 원자 하나를 찾는 것을 이에 비유하면, 그 주차장은 각 층마다 가로와 세로로 각각 1억 대씩 주차할 수 있고, 높이는 1억 층이나 되어야 한다.

아스타틴이 이렇게 희귀하다면, 과학자들이 어떻게 그 원자를 하나라도 발견했는지 궁금할 것이다. 그들은 약간의 속임수를 써서 이 문제를 해결했다. 초기 지구에 원래 있었던 아스타틴은 이미 오래전에 방사성 붕괴를 통해 사라졌지만, 다른 방사성 원소들이 붕괴하면서 가끔 아스타틴이 만들어진다. 모원소들(대개 우라늄 부근에 위치한 원소들)의 전체 양을 알고, 각각의 원소가 아스타틴으로 붕괴할 확률을 계산하면, 아스타틴 원자가 얼마나 존재하는지 대략적인 수치를 얻을 수 있다. 이 방법은 다른 원소들에도 쓸 수 있다. 예를 들면, 주기율표에서 아스타틴 이웃에 있는 프랑슘은 어느 한 순간에 최소한 600~900g 존재한다.

그런데 기묘하게도 아스타틴은 프랑슘보다 훨씬 희귀한데도 더 안정하다. 아스타틴 동위원소들 중에서 수명이 가장 긴 동위원소 원자 100만 개를 모아놓으면, 그중 절반은 400분 뒤에 붕괴한다. 그러나 프랑슘 원자는 불과 20분 만에 절반으로 줄어든다. 프랑슘은 이렇게 수명이 짧기 때문에 사실상 아무 쓸모가 없다. 그리고 과학자들은 아직까지 프랑슘 원자를 충분히 모아 눈에 보일 정도의 시료를 만든 적이 없다. 설사 그렇게 하는 데 성공한다 하더라도, 프랑슘에서는 아주 강한 방사능이 나와 과학자들을 금방 죽이고 말 것이다. 아스타틴 역시 눈에 보일 만큼 충분히 많은 시료를 모을 가능성은 전혀 없어 보이지만, 그래도 아스타틴은 쓸모가 있다. 의학 분야에서 빠르게 작용하는 방사성 동위원소로 쓰인다.

안정성의 섬

아스타틴과 프랑슘의 기묘한 관계는 그 원자핵에서 시작된다. 모든 원자와 마찬가지로 이들의 원자핵에서도 두 가지 힘이 서로 맞서 싸운다. 하나는 강한 상호 작용(항상 인력으로만 작용하는)이고, 다른 하나는 전자기력(양쪽의 전하가 서로 반대일 때에는 인력으로 작용하고, 서로 같을 때에는 척력으로 작용하는)이다. 강한 상호 작용은 자연의 네 가지 기본적인 힘 가운데 가장 강하지만, 힘이 미치는 범위가 엄청나게 짧다. 입자들이 수조분의 1cm 이상만 떨어져 있어도 강한 상호 작용은 전혀 힘을 쓰지 못한다. 하지만 힘이 미치는 범위(예컨대 원자핵 내부) 안에서는 전자기력보다 무려 100배 이상 강하다. 같은 양전하를 가진 양성자들은 전자기력으로 서로 밀어내면서 원자핵을 분해하려고 하지만, 강한 상호 작용은 양성자와 중성자를 원자핵 속에 꽉 붙들어둔다.

그런데 아스타틴과 프랑슘처럼 큰 원자핵에서는 일부 양성자와 중성자 사이의 거리가 멀기 때문에 강한 상호 작용이 모든 양성자와 중성자를 꽉 붙들어두기가 어렵다. 프랑슘은 양성자가 87개인데, 이들 사이에는 서로 밀어내는 힘이 작용한다. 130여 개의 중성자(전하가 없는)는 양성자들의 거리를 벌려 양성자 사이에 작용하는 전자기력의 세기를 줄이는 데 도움을 주지만, 중성자 자체가 차지하는 공간 때문에 강한 상호 작용이 원자핵 전체에 강하게 미치지 못한다. 이 때문에 프랑슘과 아스타틴은 매우 불안정하다.

논리적으로 생각하면, 여기서 양성자가 더 많아지면(87번보다 원자 번호가 더 큰 원소들의 경우) 전자기력의 반발력이 더 커져서 원자핵이 더 불안정해야 할 것 같다. 이것은 어느 정도 사실이다. 하지만 여기에는 함정이 있다. 1940년대 후반에 마리아 괴퍼트-메이어는 수명이 긴 '마법'의 원소에 관한 이론을 내놓았는데, 이것은 양성자나 중성자의 수가 2개, 8개, 20개, 28개, 50개, 82개, 126개인 마법수를 갖는 원소는 특별히 안정하다는 이론이다. 그 밖에도 상당히 안정한 원자핵을 보장하는 양성자나 중성자 수가 있는데, 예컨대 92개가 있다. 더 무거운 원소인 우라늄이 아스타틴이나 프랑슘보다 더 안정한 이유는 이 때문이다. 주기율표에서 아래로 내려갈수록 '일반적으로' 안정성이 점점 줄어들지만, 한쪽 힘이 다른 쪽 힘보다 조금 우세했다가 다시 뒤집히길 반복하면서 일부 예외들이 나타난다.

마법수는 이론적으로는 무한대까지 뻗어갈 수 있는데, 우라늄 이후에 114번 원소 플레로븀이 준안정 상태의 원자핵을 갖고 있다는 사실이 밝혀졌다.(그래서 양성자 수 114개도 마법수가 되었다.) 이에 못지않게 기묘한 것은 112번 원소 코페르니슘과 116번 원소 리버모륨 역시 양성자 수가 114개에 '가깝다는' 이유로 다소 안정한 것으로 보인다는 점이다(적어도 이론적으로는). 단지 마법수 근처에 있는 것만으로도 도움이 되는 것처럼 보인다. 과학자들은 상대적으로 안정한 이 초중원소 집단을 '안정성의 섬island of stability'이라 부르기 시작했다.

87번 원소인 프랑슘은 마법의 원자핵인 82번과 준안정 원자핵인 92번 사이에 있다. 프랑슘은 천연 원소 중에서 가장 불안정할 뿐만 아니라, 104번 원소(러더포듐)에 이르기까지 나머지 모든 원소들보다도 불안정하다.

그런데도 프랑슘은 아스타틴보다 더 많이 존재한다. 왜 그럴까? 우라늄 근처에 있는 방사성 원소 중 많은 종류가 붕괴하는 과정에서 프랑슘이 되기 때문이다. 반면에 프랑슘은 정상적인 알파 붕괴를 통해 양성자 2개를 잃고 아스타틴이 되는 대신에 베타 붕괴를 통해 라듐으로 변하는 경우가 99.9% 이상이다.

라듐은 일련의 알파 붕괴가 일어나면서 아스타틴을 건너뛰고 다른 원소들로 바뀐다. 다시 말해서, 방사성 붕괴를 하는 많은 원소들의 이동 경로 중에는 프랑슘에서 잠깐 머무는 것이 포함돼 있다. 그래서 프랑슘은 어느 한 순간에 최소한 600~900g 존재한다. 하지만 프랑슘은 붕괴 과정에서 아스타틴을 지나가지 않기 때문에, 아스타틴은 아주 희귀하게 존재한다.

그렇다면 안정성의 섬은 어떻게 될까? 과학자들이 아주 높은 마법수를 가진 원소들을 실제로 합성할 수 있을지는 의심스럽다. 하지만 2012년에 114번 원소가 확인되어 플레로븀이란 이름이 붙었기 때문에, 아마도 그들은 안정한 126번 원소도 만들 수 있을 것이고, 거기서 더 멀리 나아갈지도 모른다. 어쩌면 140번대나 160번대 혹은 180번대 원소도 만들 수 있을지 모른다. 그렇게 된다면 안정성의 섬은 열도로 변할 것이다.

이 안정한 섬들은 멀리 뻗어나가겠지만, 카누를 타고 멀리 탐험에 나선 폴리네시아인처럼 일부 과학자는 아주 먼 바다를 건너 주기율표에 추가될 새로운 군도를 발견할지도 모른다.

그리고 이 새로운 원소들이 우리가 알고 있는 원소들보다 단지 무겁기만 한 게 아니라, 알려지지 않은 기묘한 성질을 갖고 있을 가능성이 흥분을 불러일으킨다.

주기율표를 다시 상상하다

그리고 만약 그런 원소들이 만들어진다면, 모든 화학 교과서에 실린,

작은 탑들이 삐죽 솟은 성 모양의 표준적인 주기율표는 원소들을 배열하는 여러 방법 중 하나에 지나지 않을 것이다. 어쩌면 미래에는 주기율표의 모양이 지금과는 아주 다르게 변할지도 모른다. 우리 할아버지 세대는 지금 것과 많이 다른 주기율표를 보고 자랐다. 거기에는 기둥이 8개밖에 없었다. 그것은 달력과 비슷해 보였는데, 운 나쁜 달에는 30일과 31일이 한 칸 속에 함께 들어가 있는 것처럼 전이 금속 원소들은 모두 대각선이 그어진 칸의 반쪽에 들어 있었다. 또, 란타넘족 원소들까지 모두 본체 속에 집어넣어 아주 혼잡하고 복잡한 주기율표도 있었다.

글렌 시보그와 그 동료들이 1930년대 후반부터 1960년대 초까지 전체 주기율표를 수정하기 전까지는 전이 금속들에 공간을 더 많이 내주려고 생각한 사람은 아무도 없었다. 이들은 단지 원소들을 주기율표에 추가하는 데 그치지 않았다. 이들은 악티늄(89번) 같은 원소들이 자신들이 자라면서 배웠던 구도에 들어맞지 않는다는 사실을 깨달았다.

악티늄은 현대 주기율표의 골격을 결정짓는 데 핵심 역할을 한 원소이다. 시보그와 그 동료들이 그 당시 알려진 89번 이후의 모든 중원소(그 형제들 중 맨 처음 나오는 원소의 이름을 따 악티늄족 원소라 부른다)를 따로 떼내어 주기율표 아래에 따로 두기로 결정했기 때문이다. 그들은 이 원소들을 옮기는 대신에 전이 금속 원소들에 더 많은 공간을 주기로 결정했고, 그래서 전이 금속 원소들을 삼각형 칸들에 집어넣는 대신에 주기율표에 10개의 기둥(세로줄)을 추가했다. 이 설계는 아주 합리적으로 보였으므로, 많은 사람들이 시보그의 주기율표를 모방했다. 자리를 잡기까지는 시간이 좀 걸렸지만, 1970년대 들어 주기율표 달력은 마침내 오늘날 우리에게 익숙한 주기율표 성으로 변했다.

그런데 과연 이것이 이상적인 형태일까? 주기율표의 기둥들은 멘델레예프 시대 이후로 대세가 되었지만, 멘델레예프 자신만 해도 30여 가지의 주기율표를 만들었고, 1970년대까지 과학자들이 만든 주기율표의 종류는 700가지 이상이나 된다. 어떤 화학자는 수소와 헬륨을 떼어내 별도의 기둥으로 만들었다. 현대적인 한 주기율표는 벌집 모양으로 생겼는데, 중심에는 수소가 있고, 거기서 육각형 칸들이 점점 커지는 나선 팔들을 이루며 바깥쪽으로 뻗어 있다. 주기율표 중심에 수소 '태양'이 있고, 나머지 원소들이 위성이 딸린 행성들처럼 그 주위의 궤도를 도는 형태도 있다. 우리의 DNA 같은 나선 위에 주기율표를 그린 것도 있고, 가로줄과 세로줄이 오던 길을 되돌아가 종이 주위를 휘감는 주기율표도 있다. 심지어 주기율표를 반드시 2차원 평면 형태로 만들어야 할 필요도 없다.

하지만 기둥과 탑과 함께 여러 층으로 이루어지고, 란타넘족과 악티늄족을 아래쪽에 해자처럼 따로 배치한 시보그의 주기율표가 앞으로도 몇 세대 동안은 화학 수업에 계속 사용될 것이다. 이 주기율표가 만들기도 쉽고 이해하기도 쉽기 때문이다. 하지만 화학 교과서를 만드는 사람들이 기묘한 형태의 주기율표를 일부 소개함으로써 시보그의 주기율표와 균형을 잡으려는 노력을 하지 않는 것이 좀 아쉽다. 예컨대 팝업 형태의 주기율표 같은 걸 이용하면, 페이지에서 튀어나와 구부러지면서 서로 멀리 떨어진 원소들을 가까이 다가가게 할 수도 있다. 그러면 나란히 늘어선 그 원소들을 보면서 그 원소들의 관계에 대해 새로운 영감이 떠오를지도 모른다.

상상 가능한 어떤 아이디어라도 좋으니 그것을 바탕으로 새롭고 획기적인 주기율표를 만드는 일을 지원하는 비영리 단체가 있으면, 개인적으로 기꺼이 1000달러를 기부할 의향이 있다. 현재의 주기율표는 그동안 그 역할을 충분히 다했지만, 새로운 주기율표를 상상해 다시 만드는 것은 우리 모두에게 중요하다.

범우주적으로 보편적인 것

만약 외계인이 지구에 온다면, 우리가 그들과 의사소통을 원활하게 하거나 우리의 주 관심사를 설명할 수 있으리라는 보장이 없다. 그들은 사랑이나 종교, 존경, 가족, 평화 같은 개념을 이해할 수 있을까? 아마도 그들이 유일하게 이해할 수 있는 것은 π 같은 수와…… 그리고 주기율표의 성질일 것이다. 나는 그들이 우리가 그 성질을 조직한 독창성에 감탄하길 원한다. 그리고 우리가 만든 여러 가지 주기율표

중에서 그들이 아는 형태도 있었으면 하고 바란다.

한편, 세로줄들과 기둥들과 탑들로 이루어진 우리의 경이롭고 산뜻한 주기율표는 지금까지 그 역할을 아주 훌륭하게 수행해왔다. 이 주기율표는 별에서부터 백상아리 이빨, 의학에서부터 천연 원자로에 이르기까지 모든 것의 과학을 파헤치는 데 큰 도움을 주었다. 그리고 인간사 영역과 과학 영역 모두에서 지금도 새로운 발견이 계속 일어나고 있다. 주기율표는 화학과 물리학과 생물학 분야에서 일어나는 많은 발견의 기반을 이루고 있다. 그리고 범우주적으로 보편적인 것(즉, 외계인도 충분히 이해할 수 있는 것)은 몇 안 되는데, 주기율표도 그중 하나이다. 우리의 모든 정열과 집착이 축적된 보물 창고라는 점에서, 주기율표는 매우 인간적인 것이기도 하다. 나는 우리가 그토록 많은 것을 그 안에 집어넣을 수 있었다는 사실에 늘 경이로움을 느낀다.

감사의 말

『사라진 스푼』을 쓴 것은 개인적으로 인생이 바뀌는 경험이었는데, 주기율표의 마술을 청소년 독자에게 소개하게 되어 무척 기쁘다. 나는 다음 세대를 위해 주기율표의 경이로움을 알리는 것보다 더 가치 있는 일은 없다고 생각한다. 하지만 많은 사람들의 노력과 헌신이 없었더라면, 이 책은 세상에 태어나지 못했을 것이다. 맨 먼저 청소년 독자를 위한 이 책의 잠재력을 알아채고 처음부터 길을 안내한 담당 편집자 패린 제이콥스Farrin Jacobs에게 고마운 마음을 전한다. 패린의 소중한 제안이 없었더라면, 이 책은 나오지 못했을 것이다. 또한, 원고를 고쳐 쓰는 일을 맡은 에이드리언 딩글Adrian Dingle과 켈시 케네디Kelsey Kennedy에게도 고마움을 표시하고 싶다. 두 사람은 문장을 다듬고 손질해 주기율표를 완전히 새로운 모습으로 되살려주었다. 또한, 이 책을 멋진 모습으로 만들어준 리틀브라운 출판사의 경이로운 디자이너들, 그리고 내 실수를 바로잡아준 교정자들에게 또 한 번 큰 신세를 졌다. 마지막으로 나의 어린 독자들인 조카딸과 조카 페니와 해리에게 고맙다는 말을 전하고 싶다.

결합 두 원자 사이의 연결. 대개 전자의 매개로 일어난다.

동위원소 원자 번호는 같으나 질량수가 서로 다른 원소. 양성자 수는 같지만 중성자 수가 다르다.

물리학 물질과 에너지에 관해 연구하는 과학 분야.

방사성 원자 원자핵이 불안정하여 붕괴하면서 방사선을 방출하고 다른 원소로 바뀌는 원자.

분자 어떤 물질의 특성을 지닌 가장 작은 입자. 보통 둘 이상의 원자가 결합해 만들어진다.

비활성 기체 맨 바깥쪽 전자껍질에 전자가 가득 차 있어 다른 원소와 화학 반응을 일으키기 어려운 기체 원소.

생물학 생물의 구조와 기능을 과학적으로 연구하는 학문.

알칼리 금속 주기율표에서 1족에 속하는 리튬, 나트륨, 칼륨, 루비듐, 세슘, 프랑슘의 여섯 금속 원소. 반응성이 아주 강하다.

양성자 중성자와 함께 원자핵을 이루고 있는 입자. 양전하를 띤다.

양자역학 아원자 입자의 행동을 연구하는 학문.

원소 모든 물질을 이루는 기본 요소로, 한 종류의 원자로만 이루어진 것.

원소 변환 한 원소가 다른 원소로 바뀌는 것.

원자 정상적인 화학 반응으로는 더 이상 작게 쪼갤 수 없는 물질의 기본 단위. 원자핵과 그 주위를 도는 전자로 이루어져 있으며, 원자핵은 다시 양성자와 중성자로 이루어져 있다. 원자들이 모여 분자를 이룬다.

원자량 어떤 원소의 원자량은 자연에 존재하는 그 원소 원자들의 평균 질량을 말한다.

원자 번호 원소의 종류를 결정하는 번호. 원자핵 속에 들어 있는 양성자의 수와 같다.

원자핵 원자의 중심부를 이루는 입자. 양성자와 중성자로 이루어져 있으며, 화학 반응이 일어나더라도 원자핵에는 아무 변화가 없다.

이온 전자를 얻거나 잃은 원자. 이온은 양전하나 음전하를 띤다.

입자 원자나 양성자, 전자처럼 물질의 기본 단위를 통틀어 일컫는 말.

전자 음전하를 띠고서 원자핵 주위를 도는 입자. 원자들은 전자를 주고받거나 공유함으로써 화학 결합을 이룬다.

중성자 양성자와 함께 원자핵을 이루는 입자. 양전하를 띤 양성자와는 달리 전하가 없다.

할로겐 주기율표에서 7족 원소 가운데 플루오린, 염소, 브로민, 아이오딘(요오드), 아스타틴의 다섯 원소를 통틀어 이르는 말. 반응성이 높다.

합금 두 가지 이상의 금속을 섞어 만든 혼합물.

화학 물질의 성질과 구조, 생성과 분해의 반응 및 다른 물질과의 반응을 연구하는 학문.

화합물 두 가지 이상의 원소 원자가 화학적으로 결합하여 생긴 물질. 예컨대 H_2O와 CO_2가 있다.

DNA 살아 있는 생물의 세포 속에서 유전 정보를 전달하는 분자. DNA는 데옥시리보핵산deoxyribonucleic acid의 약자이다.

원소 주기율표

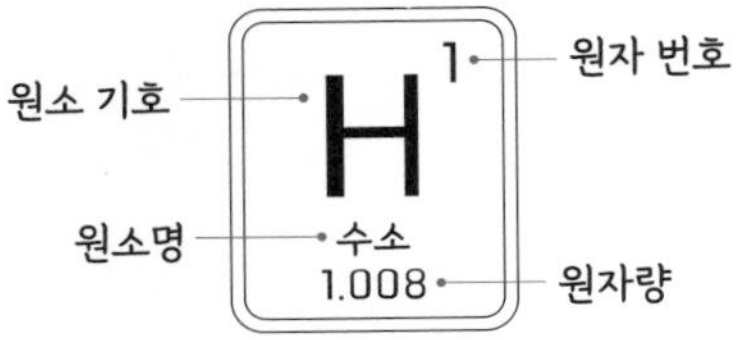

H 1 수소 1.008								
Li 3 리튬 6.941	Be 4 베릴륨 9.012							
Na 11 나트륨 22.990	Mg 12 마그네슘 24.305							
K 19 칼륨 39.098	Ca 20 칼슘 40.078	Sc 21 스칸듐 44.956	Ti 22 타이타늄 47.861	V 23 바나듐 50.941	Cr 24 크로뮴 51.996	Mn 25 망가니즈 54.938	Fe 26 철 55.845	Co 27 코발트 58.933
Rb 37 루비듐 85.468	Sr 38 스트론튬 87.621	Y 39 이트륨 88.906	Zr 40 지르코늄 91.224	Nb 41 나이오븀 92.906	Mo 42 몰리브데넘 95.942	Tc 43 테크네튬 98.906	Ru 44 루테늄 101.072	Rh 45 로듐 102.905
Cs 55 세슘 132.905	Ba 56 바륨 137.327	57-71	Hf 72 하프늄 178.492	Ta 73 탄탈럼 180.948	W 74 텅스텐 183.841	Re 75 레늄 186.207	Os 76 오스뮴 190.233	Ir 77 이리듐 192.217
Fr 87 프랑슘 (223)	Ra 88 라듐 (226)	89-103	Rf 104 러더포듐 (267)	Db 105 더브늄 (268)	Sg 106 시보귬 (271)	Bh 107 보륨 (270)	Hs 108 하슘 (277)	Mt 109 마이트너륨 (276)

La 57 란타넘 138.905	Ce 58 세륨 140.116	Pr 59 프라세오디뮴 140.908	Nd 60 네오디뮴 144.242	Pm 61 프로메튬 145	Sm 62 사마륨 150.362
Ac 89 악티늄 227	Th 90 토륨 232.038	Pa 91 프로트악티늄 231.036	U 92 우라늄 238.029	Np 93 넵투늄 (237)	Pu 94 플루토늄 (244)

= 금속

= 준금속

= 비금속

								He 2 헬륨 4.003
			B 5 붕소 10.812	C 6 탄소 12.011	N 7 질소 14.007	O 8 산소 15.999	F 9 플루오린 18.998	Ne 10 네온 20.180
			Al 13 알루미늄 26.982	Si 14 규소 28.086	P 15 인 30.974	S 16 황 32.066	Cl 17 염소 35.453	Ar 18 아르곤 39.948
Ni 28 니켈 58.693	Cu 29 구리 63.546	Zn 30 아연 65.384	Ga 31 갈륨 69.723	Ge 32 저마늄 72.641	As 33 비소 74.922	Se 34 셀레늄 78.963	Br 35 브로민 79.904	Kr 36 크립톤 83.798
Pd 46 팔라듐 106.421	Ag 47 은 107.868	Cd 48 카드뮴 112.412	In 49 인듐 114.818	Sn 50 주석 118.711	Sb 51 안티모니 121.760	Te 52 텔루륨 127.603	I 53 아이오딘 126.904	Xe 54 제논 131.294
Pt 78 백금 195.085	Au 79 금 196.967	Hg 80 수은 200.592	Tl 81 탈륨 204.383	Pb 82 납 207.2	Bi 83 비스무트 208.980	Po 84 폴로늄 209	At 85 아스타틴 210	Rn 86 라돈 222
Ds 110 다름슈타튬 (281)	Rg 111 뢴트게늄 (280)	Cn 112 코페르니슘 (285)	Nh 113 니호늄 (286)	Fl 114 플레로븀 (289)	Mc 115 모스코븀 (289)	Lv 116 리버모륨 (293)	Ts 117 테네신 (294)	Og 118 오가네손 (294)

Eu 63 유로퓸 151.964	Gd 64 가돌리늄 157.253	Tb 65 터븀 158.925	Dy 66 디스프로슘 162.500	Ho 67 홀뮴 164.930	Er 68 어븀 167.259	Tm 69 툴륨 168.934	Yb 70 이터븀 173.043	Lu 71 루테튬 174.967
Am 95 아메리슘 (243)	Cm 96 퀴륨 (247)	Bk 97 버클륨 (247)	Cf 98 캘리포늄 (251)	Es 99 아인슈타이늄 (252)	Fm 100 페르뮴 (257)	Md 101 멘델레븀 (258)	No 102 노벨륨 (259)	Lr 103 로렌슘 (262)

참고 문헌

내가 이 책을 쓰면서 참고한 책들은 물론 이것들뿐만이 아니다. 아래에 소개한 책들은 주기율표나 다양한 원소에 대해 더 많은 것을 알고 싶어 하는 일반 독자가 읽기에 가장 좋은 책들이다.

Coffey, Patrick. *Cathedrals of Science: The Personalities and Rivalries That Made Modern Chemistry.* New York: Oxford University Press, 2008.

Emsley, John. *Nature's Building Blocks: An A-Z Guide to the Elements.* New York: Oxford University Press, 2003.

Jones, Sheila. *The Quantum Ten: A Story of Passion, Tragedy, Ambition, and Science.* New York: Oxford University Press, 2008.

Reid, T. R. *The Chip: How Two Americans Invented the Microchip and Launched a Revolution.* New York: Random House, 2001.

Rhodes, Richard. *The Making of the Atomic Bomb.* Simon & Schuster, 1995.(우리나라에서는 『원자폭탄 만들기』(사이언스북스)로 출간됨.)

Sacks, Oliver. *Awakenings.* New York: Vintage, 1999.

Scerri, Eric. *The Periodic Table: Its Story and Its Sigificance.* New York: Oxford University Press, 2006.

Seaborg, Glenn, and Eric Seaborg. *Adventures in the Atomic Age: From Watts to Washington.* New York: Farrar, Straus and Giroux, 2001.

Zoellner, Tom. *Uranium: War, Enegy, and the Rock That Shpaed the Earth.* New York: Viking, 2009.

ㄱ

ㄴ

옮긴이 이충호

서울대학교 사범대학 화학과를 졸업했다. 지금은 교양 과학도서의 번역가로 활동하고 있다. 『신은 왜 우리 곁을 떠나지 않는가』로 제20회 한국과학기술도서(대한출판문화협회) 번역상을 수상했다. 옮긴 책으로는 『사라진 스푼』 『바이올리니스트의 엄지』 『뇌과학자들』 『카이사르의 마지막 숨』 『잠의 사생활』 『그러므로 나는 의심한다』 『경영의 모험』 『동물의 생각에 관한 생각』 『진화심리학』 『원소의 이름』 『돈의 물리학』 『변화는 어떻게 일어나는가』 등이 있다.

청소년을 위한 사라진 스푼

1판 1쇄 2022년 5월 25일
1판 4쇄 2023년 10월 27일

지은이 샘 킨
옮긴이 이충호
펴낸이 김정순
편집 조장현 허영수 이보영
디자인 이강효
마케팅 이보민 양혜림 손아영

펴낸곳 (주)북하우스 퍼블리셔스
출판등록 1997년 9월 23일 제406-2003-055호
주소 04043 서울시 마포구 양화로 12길 16-9(서교동 북앤빌딩)
전자우편 henamu@hotmail.com
홈페이지 www.bookhouse.co.kr
전화번호 02-3144-3123
팩스 02-3144-3121

ISBN 979-11-6405-160-1 43430

해나무는 (주)북하우스 퍼블리셔스의 과학·인문 브랜드입니다.